シリーズ21世紀の農学

国際土壌年2015と農学研究
－社会と命と環境をつなぐ－

日本農学会編

養賢堂

目 次

はじめに …………………………………………………………………3

第1章　100億人時代における土壌の役割 ………………………………1
第2章　地球温暖化に関わる森林の土壌有機物の炭素貯留特性 ………17
第3章　食生活の変化と土地利用方式の革新 …………………………29
第4章　畜産と土壌を結ぶ物質循環の重要性 …………………………57
第5章　土壌環境が支える草本植物の種多様性 ………………………77
第6章　土壌DNA診断を活用した新しい土壌病害管理 ………………93
第7章　水田生態系の中の放射性セシウム ……………………………111
　　　　－伊達市の水稲試験栽培3年間の記録－
第8章　水環境保全を目指した土壌侵食対策 …………………………125
第9章　里海と土壌 ………………………………………………………137
　　　　－森里海のつながりと沿岸海域の生産力－
あとがき …………………………………………………………………159
著者プロフィール ………………………………………………………161

はじめに

三輪 睿太郎
日本農学会会長

　20年近く前，全国紙のコラムに，「土に興味が湧き，参考書を探したが，農業関係書籍以外に土の本がなかった・・・」と書かれていた．早速，手元にあった「土の世界」（朝倉書店，1990年）という広汎な興味に応える方針で編集された本を郵送したことがある．

　どういう興味をもつかで土の見方は違う．陶芸の材料，抗生物質産生菌の探し場所，工業素材，建設・防災資材，画材，汚れの原因，警察の鑑識，軍事，それぞれの目的によって必要な土の知識は違う．何となく興味があるという動機では参考書を探すのも難しかろうと思う．

　陶芸などの広い用途での「土」は物質であるが，農業を営む上での「土」は大小の鉱物が骨格をなし，空気と水を通し，留める空間をもつ構造体であり，これに水や植物遺体が加わり，小動物や微生物が生活する．農業ではこの総体を「土」として利用する．その性格は地形や表層地質とも関連をもち，単なる物質とみるわけにはいかない．やはり，「土壌」という呼称の方がよいと思っている．

　地殻の構造や変動を対象とする地学や地質学では土壌は地表にたまったチリに過ぎないが，人類が農業を発明し，他の動物にはみられない持続的な繁栄を可能にして以来，農業では重要な存在でありつづけ，農学では常に重要な研究対象であった．

　稲作が水田土壌という独特の土壌を生み出したように，土壌は人とともに変貌した．現代農業は作物生産の目的に適うように土壌を管理している．農業が，曲

がりなりにも地球72億人の人を養うに至ったのは，その方法が大筋において間違っていなかったのであり，それには農学が貢献したと思っている．

2050年は世界的にはナインビリオン・イヤー（人口90億人を超える年）として食料危機の指標年であるが，日本では総人口が2060年（平成72年）には8,674万人（2015年総務省予測）に減少し，衰退の指標年となっている．

今，日本人の食は歴史上かつてなかった高水準にある．健康・長寿との関係でもまあ合格点である．この「よき食生活」が将来も維持できるだろうかというと，はなはだ心もとない．第一に国内市場の臨界点を超えた縮小は国内農業や食品産業を消滅させる．第二に消費の多い小麦，大豆，トウモロコシなど輸入依存度が高く，食料危機に向かう世界からは必ず価格高騰など負の影響を受ける．第三に人口減少は国民の経済力を奪い貧困と飢餓をもたらす．日本は世界的な食料危機から無縁でいられないどころか国民の食生活は過酷な状況に陥るのではないだろうか．

今年，2015年は国際土壌年，12月5日は世界土壌デーである．

本書は2015年10月3日に国際土壌年を記念して行われた日本農学会シンポジウムで行われた講演から，様々な分野を代表する専門家が土壌について書き下した論説をまとめたものであり，国際土壌年2015にふさわしい充実したものが出来上がった．各著者及び所属学会に甚大な謝意を表する次第である．

第 1 章
100 億人時代における土壌の役割

小﨑　隆

日本土壌肥料学会，日本ペドロジー学会（首都大学東京都市環境学部）

1. はじめに

　V.V.ドクチャエフは 19 世紀中庸に土壌生成因子を気候，生物，地形，母材，時間であるという考えに基づき近代土壌学を開いたが，その後 140 年を経た今，加えて 6 番目の因子として「人為」を挙げることができる．これは 1995 年のノーベル化学賞を受賞した大気化学者 P.J.クルッツェンが現地質時代を「人新世（Anthropocene）」として提案したことと相通じるものであり，人類が土壌の，ひいては地球の生殺与奪の権を握ると言って過言ではない．2100 年には 110 億となる人口に対して衣食住の安定供給はもとより，水資源の確保，地球温暖化の防止・軽減，生物多様性の保全など土壌が果たすべき多様かつ多大の役割を鑑みるに，土壌肥料に関わる研究・教育・産業を生業とする私たちに突き付けられた責任は途方もなく大きい．

2. 土壌保全に対する意識と行動の変遷
－なぜ今，「国際土壌年」なのか－

　Anthropocene の始まりに関する議論（Lewis and Maslin, 2015）は大変興味深いが，私たちは土壌侵食をはじめとする土壌劣化は古代より報告されていることを知っている．そもそも土壌は人類が農業を開始した 6000 年以上も前から私

たちにとって大きな関心事であった．土が万物の起源ないしは基礎であり，私たちの考え方や行動の拠りどころであることは，旧約聖書，ギリシア哲学，陰陽五行説などを繙くまでもなかろう．しかし，カーターとデール（1995）が「文明人は地球の表面を渡り歩き，その足跡に荒野を残した」と，その著「土と文明」の中で1955年に警告した土壌劣化という現象は，メソポタミアやインダスの古代文明を，繁栄後800〜2000年程度の差はあれ，結果的に滅亡に追いやり，同様の過ちは20世紀前半の合衆国西部でも開拓と旱魃に伴う砂嵐の頻発現象（Dust Bowl）として顕在化した．そのありさまはスタインベック著「怒りの葡萄」で広く世に知らしめられたにもかかわらず，現在を生きる私たちの記憶にはそれほど鮮烈には残っていないのかもしれない．それ以降，とりわけ開発の負の側面が注目され出した1970年代以降，各国あるいは国際機関で土壌の保全に向けて種々の憲章，行動計画，対処の為の組織づくりが展開されたが，人口の急激な増加と90年代以降の経済のグローバル化に起因する地球温暖化の加速により，土壌劣化は悪化の一途を辿っている．

　土壌劣化とは，私たちが土地を適切に使わなかった（言い換えれば，必要な施肥や作物・土地管理を怠り，目先の利益だけを追い求めた）結果，その土地が私たちに衣食住を十分に供給できなくなる現象である．現在，土壌劣化は，ときにはその速度を増しつつ，かけがえのない地球の生態系を，また，私たちの生存そのものを，脅かし続けている．何故このようなことが繰り返されるのか？　そのような背景の下，焦眉の課題として，国連がそれへの危急な対処と現実的な行動を地球人一人ひとりに対して求めて採択したのが毎年の「世界土壌デー・12月5日」と100年に一度の「国際土壌年・IYS2015」である．

3．土壌劣化とは

　一般的に観察される土壌劣化現象は以下の過程に大別される（Lal and Stewart, 1990）．

1) 物理的過程：土壌構造の劣化，土壌密度の増加，水分・温度レジームの悪化などを通してスレーキング，クラスト形成，旱魃，過湿，土壌侵食，土壌の固化，通気性の悪化が引き起こされる．

2) 化学的過程：養分の溶脱とそれに伴う酸性化による土壌肥沃度の低下や陸水の富栄養化，元素間の不均衡による土壌塩性化およびアルカリ化や作物の養分過剰・欠乏障害，土壌のラテライト化が引き起こされる．

3) 生物的過程：土壌有機物の分解促進による土壌微生物バイオマスの減少や温室効果ガスの発生，土壌生物活動の低下による土壌撹乱作用の停止とそれに伴う土壌密度の増加，生物多様性の減少による土壌病虫害の増加が引き起こされる．

　これらの土壌劣化に関わる因子には気候，水文，地形，母材，植生などの自然因子と，人口圧，土地利用，土木工事，産業廃棄物の廃棄などの人為因子が挙げられる．自然因子は例えば土壌の深さ，粒径組成（土性），土壌を構成する粘土鉱物の種類等を通して土壌劣化の潜在的危険性を規定しているのに対して，人為因子は耕起方法，輪作体系，侵食対策の有無，あるいは土地所有制度や法律，慣習等を通して直接的に土壌劣化の有無やその程度を規定していると考えられる．以下に具体的な例を示してみよう．

4. 世界の土壌劣化の現状

4.1　砂漠気候下での大規模灌漑に伴う塩類集積（Fujimori et al., 2008）

　砂漠で農業を営むためには灌漑が不可欠である．しかし，その結果引き起こされる農地の荒廃は，古代文明発祥の地で農耕が開始されて以来の課題であることは上述の通りである．中央アジアの砂漠の真ん中カザフスタン共和国シルダリア川流域に位置するクジルオルダ地域では，水稲を4年，飼料作物であるアルファルファを中心とする畑作物を4年連作する8年輪作体系の下で，大規模機械化農業を行っている．灌漑水量は年間約 2000 mm で，水田でのみポンプを用いない重力灌漑と，開渠による自然排水が行われている．用排水路の大半は素掘りであるため，水稲作付期間中は常に多量の漏水がある．水田期では一部を除いて全体に土壌表層の塩濃度が抑えられているが，畑作期では塩類の表層集積が進行しており，その進行が重度に達して放棄された圃場もみられる（写真1，図1）．主な原因は畑作期に起こる地下水の毛管上昇による土壌中の塩の表層への移動集積である．一般的には水稲栽培のための湛水は除塩機能を有する．しかし，窪地では地下水が停滞し排水不良になり，さらに湿地化することによるヨシ類の繁茂が蒸

写真1 土壌表層に集積した塩類

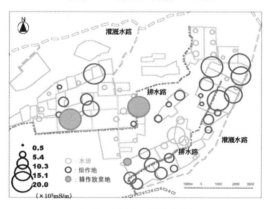

図1 表層土の塩濃度分布

散を促進することにより，また，水路に近接する箇所では，水路から多量の浸透水が塩の土壌表面への移動を促進することにより，土壌塩類化を加速する．このような灌漑農業下で持続的な農業を営むためには，一般的にいわれる排水改良に加え，地形に応じた水稲作や畑作期間の調節，さらには作付体系と土地利用そのものの見直しを行う必要がある．また，対策としては灌漑水による除塩の他，集積塩がナトリウム塩の場合は石膏（硫酸カルシウム）の施用が効果的である場合がある．

4.2 温帯草原の近代大規模機械化農業による土壌有機物の減耗とCO$_2$放出（Funakawa et al., 2007）

　土壌有機物は土壌養分の保持ならびに供給力などの化学性をはじめ数多くの物理性や生物性を規定し，作物生産の安定化にとって重要な要因である．世界の主要畑作地では開墾以来約10〜20％に及ぶ土壌有機物の減耗が観測されている場合もあり，将来の食料生産を危うくするのみならず，発生するCO$_2$が温暖化を促進する可能性について危惧されている．

　カザフスタン共和国北部は大陸性気候下にあり，年間降水量は300 mm余りという限界的条件で天水に依存した夏季裸地休閑1年と春小麦作4年の輪作を大型機械を導入して実施している（写真2）．ここでの土壌有機物の動態は，作物残渣による土壌への投入と土壌呼吸（微生物による土壌有機物の分解）を通してのCO$_2$放出により規定されている．また，後者は土壌温度，土壌水分，降水量，土壌中の易分解性炭素量（微生物のエサとなるような有機物の量）により決定されるので，それらを変数とするモデル式を用いて年間有機物損失量を予測できる．これらの投入量と損失量に基づいて算出される土壌有機物の一輪作サイクルの収支は，-0.32〜$+0.60$ tC ha^{-1}と変動し，負になる地域（この場合は暗色栗色土の地域）では土壌有機物が継続的に劣化していくことが示唆された（表1）．従来，水

写真2　大型トラクターによる耕作

表1 異なる土壌ならびに輪作体系下の炭素収支

	年間収支	3年輪作 (休1+麦2)	4年輪作 (休1+麦3) (t C ha^{-1})	5年輪作 (休1+麦4)
暗色栗色土				
小麦	0.10	-0.51	-0.42	-0.32
休閑	-0.70			
採草地	0.81			
南方チェルノーゼム				
小麦	0.27	-0.30	-0.03	0.25
休閑	-0.84			
採草地	1.17			
普通チェルノーゼム				
小麦	0.35	-0.10	0.25	0.60
休閑	-0.80			
採草地	1.26			

分確保のために半乾燥地農業の「定番」として画一的に世界各国で実施されてきた「夏季裸地休閑」管理に対して，その環境適合性を今一度見直し，地域ごとに土壌有機物の保全を可能にする営農管理技術や土地利用オプションを提示することが必要であろう．

4.3 湿潤熱帯での焼畑耕作に伴う養分損失 (Funakawa et al., 2011)

焼畑に依存する人口は2億5000万人といわれる．さらに，熱帯圏にある発展途上国で，焼畑による森林面積の減少は約1300万haと算出されおり，熱帯林の減少を引き起こす元凶として非難されることが多い（写真3）．しかし，一方で焼畑は有史以前より伝統農法として人類の生存を支えつづけてきたのも厳然たる事実である．はたして，焼畑は悪玉なのか？善玉なのか？

タイ北部は，生業として低地水田での水稲連続栽培と丘陵斜面での1年陸稲栽培と7年休閑からなる焼畑耕作が行われている．ここでも炭素と窒素の循環に焦点を当てて，焼畑耕作の合理性を評価してみたい．土壌有機物の炭素収支は投入となるリター（休閑時に再生する草本残渣と木本の落葉枝）供給量と損失となる土壌呼吸量の差で求めることができる（図2）．現在までの研究によると，焼畑

写真3 焼畑により裸地化した土地

後の陸稲栽培時(CR)には年間リター供給量が年間土壌呼吸量を大きく下回るが,陸稲栽培後の休閑期(4年目:F4～6年目:F6)に入ると,森林再生に伴いリター供給量が土壌呼吸量を上回るようになる.すなわち耕作期で約5 tC ha^{-1}の炭素が土壌から失われるが,休閑3年目までの草本を主とするリター供給により,累積してほぼ同量の炭素が系に付加され,土壌有機物収支は大きく回復することが分かった.ただし,休閑3年目の草本バイオマスが枯死し,土壌有機物に添加されるためには木本が優勢となる6～7年目まで休閑を持続する必要があると考えられる.また,土壌系からの窒素溶脱量を試算した結果,耕作期では11～26 kg N ha^{-1},休閑期では3～9,長期休閑後の森林では1～2となり,休閑期あるいは森林では窒素をほぼ系外へ放出することなく微生物バイオマスを介して循環して利用していることがわかる.

　この焼畑耕作の事例では,6～7年の休閑期を確保すれば,耕作期に失われた炭素はほぼ回復し,窒素の流亡も最小限に押さえられ,現在のタイ北部で実施されているシステムは極めて持続的であると結論づけることができた.問題は,いつまでこのシステムを維持できるか,である.それが困難な場合は,作物残渣マルチ,アグロフォレストリー,谷部での水田耕作の集約化などのオプションが必要となるが,そのためには,やはり,無機肥料(炭カルなどの改良資材の投入を含む)の「賢い利用」が必要とされるであろう.

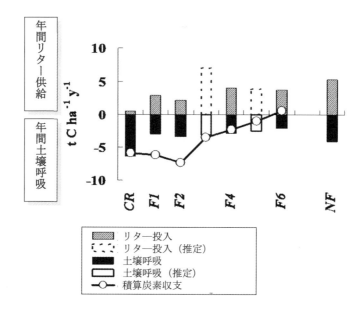

図2　焼畑システムにおける炭素の動態

4.4　熱帯サバンナでみられる砂漠化－風食（Ikazaki et al., 2011）

　砂漠化とは，私たちの不適切な土地利用（過耕作，過放牧，過度の薪採取など）の結果として引き起こされる土壌侵食，塩類化，有機物の減耗として顕在化する現象のことである．中でも風による土壌侵食，すなわち風食は本稿の頭書に述べた通り，前世紀初頭に合衆国西部の畑作農業を危機にさらした主たる原因であり，乾燥，半乾燥気候下の農業の持続性にとっては大いなる脅威である．世界の最貧国に名を連ねるセネガル，モーリタニア，マリ，ブルキナファソ，ニジェール，チャドが位置する西アフリカ・サヘル地域も同様の問題を抱えている．特に，そのような厳しい環境で農業のみしか生業の選択肢を持ちえない当該途上国の住民にとって風食は文字通り生死を左右する問題である．

　サヘル地域はサハラ砂漠の南縁に広がる熱帯サバンナ生態系に属し，年間降水量の200〜600 mmが集中する5月〜10月の雨季には雑穀の栽培が可能であるが，収量はわが国の10〜20分の1に過ぎない．一方，乾季の裸地化した農地は乾燥

写真4 農耕地を襲う砂嵐（風食）

した季節風ハルマッタンに容赦なくに晒され，年間 4～5 mm の表層土が風食により失われている（写真4）．この量は地球上で一般的に生成される土壌の量の約 100 年分に相当するという試算もあり，さらに，失われるのは土壌の「量」のみならず，最も養分を多く含む表層土であること，また，風食後に露出する浸透性の悪い土層（クラスト）により作物が降水を利用し難くなる，という「質」的にも極めて深刻な問題と言わざるを得ない．しかしながら，この地域の風食による土壌劣化は，上記の合衆国西部における急速な商業的農業の展開やカザフスタンにおける米ソ冷戦下での政治構造に誘因された不適切な土地利用によるものではなく，慢性的に食糧不足に苦しむ住民が，近年の人口増加にやむを得ず対処するための過耕作や過放牧である点が，問題の解決をより複雑にしている．

　砂漠化防止手法として一般的には植林，畝立て，作物残渣による土壌被覆などが提案されたが，それぞれ作物との水分の競合や土地所有形態，農作業ツールの文化的相違，遊牧民との資源の競合などにより現実的ではない．そのような現地の特殊事情を反映して考案されたのが「耕地内休閑システム」である．図3に示すように，通常畑と分離されている休閑地を畑の中に休閑ベルトとして取り込み，風食により移動・飛散する肥沃な表層土を捕捉し，その養分を次年度の作物栽培に利用する．この技術は京都大学，国際農林水産業研究センター（JIRCAS），国

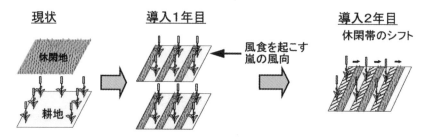

図3 耕地内休閑システム

際半乾燥熱帯作物研究所（ICRISAT）により共同開発され，本技術非導入の現状に比べて，70％以上の風食抑制効果，30〜80％の作物増収効果が確認された．加えて，本技術は従来の諸対策技術とは異なり，導入に関して農民に余分な労働ならびに経済的負担を強いることがないことから，国際協力機構（JICA）はこの普及を支援し，ニジェール共和国では5州，23地区，89村の約500世帯の農民が採用している．今後，同様の生態系，社会経済環境を有する他地域への適用に対して大きな期待が持たれている．

5. 「シュプレンゲル／リービッヒ＋ドクチャエフ」の土壌肥料学を超えて

以上のような事例から，世界の様々な生態系において私たちの生存，さらには地球の存続を，絶妙のバランス感覚で支えている土壌が劣化し，その責を全うし難くなりつつあることが明らかであり，わが国も例外ではないことも報告されている（日本土壌肥料学会，2015）．このような状況で，私たちは何をなすべきか．土壌の健康回復や維持のために，かつてのペニシリンやストレプトマイシンのような「特効薬」として，遺伝子組み換えによる耐塩性作物などの創出を推進しようとする声は多い．私はこれらを決して否定するものではないが，それらが世界中のいずこにあっても特効薬たりうるかについては必ずしも楽観的ではない．なぜなら，数少ない特効薬で制御するには，土壌はあまりに空間的にも時間的にも変異に富んでおり，私たちはそれをほとんど知らないから．私たちが今なすべきことは，私たちが生きている，その場，その場で土壌に何が起こっているかをも

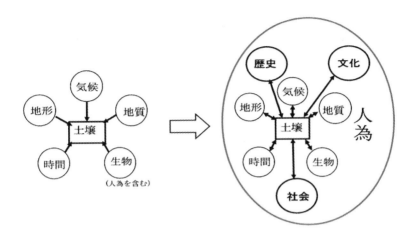

図4　土壌肥料学におけるパラダイムの変換

っと知る，そして，土壌劣化への道を踏み止まれる生物生産技術や土地利用法の確立が望まれている．しかし，それで十分か？

　これまでの土壌学は，土壌を所与の環境要因（ドクチャエフはそれを土壌生成因子と呼ぶ）の下で生成される自然史的産物としてとらえ，人為も一つの要因（生物因子に含まれるという考えもある）として，生態系の維持ならびに100億人にもならんとする人類の存続に必要な物資とサービスの供与を担保できるように関わるという立場である．しかし，Anthropoceneの議論に立ち返ると，人為を単なる土壌生成の一因子（ましてや生物因子の一部）ととらえることは，その影響を矮小化してはいないであろうか．現在の人の営み（文化，歴史，社会）は，自然史的産物の土壌に影響を与えるのみならず，土壌の生成因子である気候，地形，地質，生物，さらにはすべての物理・化学・生物反応の時間にまでも大きく関与することが可能であり，実際にその例を身近にみることは決して困難ではない．同時に，そのような土壌が今度は生成因子に対して，逆に働きかけ，その結果，人の生活様式が変わる，あるいは，変わらざるを得ない，こともある（フィードバック）．もはや，人為を含む生成因子と土壌は「原因と結果」という単純な構図では描き切れない関係となっている（図4）．土壌肥料学研究においてこのような

パラダイムの転換を考えねばならいようになったことこそが，Anthropocene が始まった証である．いつから，どのイベントから始まったかはともかく，私たちには，今こそ，シュプレンゲル/リービッヒとドクチャエフにより確立された近代土壌学を超えることが必要とされている．

6．今，「人新世（Anthoropocene）」に「社稷を思う」

社稷とは国家と解されることが多いが，本来，私たちの生存の基盤となる「土地（社）」と「五穀（稷）」であり，古来，国の王がそれらの神を祀ることにより国の繁栄と民の平安を祈願してきた．現在，中国の北京紫禁城に近い中山公園には明・清の歴代皇帝が儀式を執り行った社稷壇（写真5）をみることができる．上空からみると，そこには国とその四方の地域を守護する玄武・青龍・朱雀・白虎を象徴する黄・黒・青・赤・白の五色土が敷きつめられている（図5）．これらの色は古代中国発祥の地，中原の土壌（黄土を材料とする黄色土）はもとより，北は興安嶺・モンゴルを超えてシベリヤ低地に広がる草原土壌（黒），東は黄河・揚子江河口域に広がる低地土壌（青），南は雲南を超えて亜熱帯に広がる強風化土壌（赤），そして西はタクラマカン砂漠から中央アジア乾燥地の砂漠土壌（白）という多様な土壌の地理的分布をも象徴しているのであろうが，その情報が古代

写真5　北京中山公園の社稷壇

においてすでに得られていたとすると，私たちはその先人の知恵を今に十分活かしきれているのであろうか．現代に生きる私たちは「宇宙船地球号」の乗組員であるとたとえられて久しいが，その意味では，社稷は国家より地球そのものと捉えることが必要であり，その行く末については，私たち一人ひとりが土壌劣化を通して考えるべき課題である．

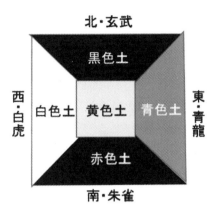

図5　上空からみた社稷壇

　土壌劣化が顕在化するか否かは人為（人間の欲望）と環境の許容力のバランスで決まる．その昔，天変地異と称する自然災害（一部は人災的要素が含まれていたであろうが）は神の怒りと畏れられ，それを鎮めるために生贄が捧げられたのは洋の東西を問わない．人や羊など，一番あるいはそれに代わる極めて大切なものと交換に神の許しを乞うた．さて現代はいかに．百年前とは比較にならないほどの大量のエネルギーを投入し，豊富な科学的知識と高度な技術力により，魔法使いの弟子然として土壌を操作し（しているつもり），身の回りの物質的快楽を追及し続けてはいまいか．それに対して土壌を含む環境から土壌劣化というイエローカードとともにツケ（生贄）の請求書を突き付けられているにもかかわらず．しかし，私たちの身の回りを見渡せば，今のツケを払うくらいのオプション（例えば自動車，原発，グルメ志向の再考など）は持っている．ツケを払わねばどうなるかに関する予測も専門家は科学的根拠とともに提示している．にもかかわらず，決断がなされていない．しようとしない，先送りする，考えようとすらしない，と言うべきか．

　かのドイツ系ユダヤ人の哲学者・思想家であるハンナ・アーレントは，亡命先ニューヨークで著した「イェルサレムのアイヒマン」の中で，ユダヤ人虐殺に手を下したゲシュタポ・ユダヤ人担当課長アドルフ・アイヒマンの行為は彼独自の

極悪非道性によるのではなく，普通の人間が陥る思考停止よるものであり，誰にでも起こり得る（彼女はそれを「悪の陳腐さ」と表現した），そして，それはとてつもなく大きな犯罪を引き起こす，と訴えた．私は，少なくとも本稿をご一読いただいた読者諸氏にあっては，決してアイヒマンにならずに「土壌劣化を防止するためにはどうすればいいのか，自分には何ができるだろう」とご自身に問い続け，周りの方々と語らい，ご自身が「良し」とする行動を起こしていただきたいと切に願うものである．

7. 「国際土壌年」から「国際『土』の10年」へ

2015年12月5日をもって国際土壌年は終わった．土壌肥料学はもちろん，その周辺科学に関わる研究者，教育関係者，実務家，学生，マスコミ関係者，そして，農業者や消費者などの一般市民の方々も，かつてない活動を企画し，実施・参加いただいたことは特筆すべきであり，関係者として衷心より御礼を申し上げたい．その成果は本書そのものはもちろん，本稿末の参考文献（日本土壌肥料学会，2015；日本土壌肥料学会「土のひみつ」編集グループ，2015）も読者諸氏にはご一読いただきたいと期待するものである．しかし，それぞれの企画実施後に「お疲れさまでした．できるだけのことはやりましたね！」と内輪で労うだけでことを終えてはいけない．むしろ，2015年の国際土壌年活動を終えるにあたって私にとって最も大きな収穫は，土壌肥料学がいかに一般市民や他分野の研究者他の方々からは遠い存在である，という事実を思い知らされたことであり，わが心中に去来する思いは「革命尚未成功，同志仍須努力」である．これが土壌肥料学会員のみならず，等しく国際土壌科学連合（IUSS）の執行委員会や日本学術会議の農学委員会土壌科学分科会の委員諸氏とも共有されていることは，前者にあっては，昨12月7日ウィーンで開催された国際土壌年閉幕記念式典では土壌の重要性を高らかに謳い上げた「ウィーン宣言」が採択されるとともに，2024年までを「国際『土』の10年」として定め，さらなる研究・教育の発展と市民意識の向上を通して持続的社会の構築に貢献することが決議された（IUSS, 2016）ことにみられる．この決議に対して日本土壌肥料学会は時を移さず全面的支持と支援を表明したことは記憶に新しい．また，後者にあっては，本年1月28日に「緩・急環境変

図 6 国際土壌年から国際『土』の 10 年

動下における土壌科学の基盤整備と研究強化の必要性」が公表され，(1) 国内土壌観測ネットワークの形成と国際的な土壌情報の整備及び日本の貢献強化，(2) 土壌科学の新展開と土壌教育の充実，(3) 土壌保全に関する基本法の制定，が提言された（日本学術会議，2016）．このように，わが国をはじめ世界の土壌肥料学関係者が一丸となって100億人時代における土壌の役割を全うさせんがため，新たな決意とともにさらなる前進を開始した．本稿を終えるにあたって，日本農学会傘下の学会員の皆様は勿論のこと，他分野の専門家，さらには企業，農業者，市民の方々とともに，具体的な目標を設定し，図6のロゴのもと，引き続き「応援ポータルサイト（http://pedologyjp.sakura.ne.jp/iys2015/）」を情報交換の場として，2024年に向けて歩んでいけることを心より祈念するものである．

引用文献

カーター V.G.・デール T. 1995：土と文明（新装復刻版），家の光協会
Fujimori, Y., Funakawa, S., Pachikin, K.M., Ishida, N. and Kosaki, T. 2008: Soil salinity dynamics in irrigated field and its effects on paddy-based rotation systems in southern Kazakhstan, Land Degradation and Development, 19, 305-320
Funakawa, S., Yanai, J., Karbozova-Saljinikov, E., Akshalov, K., and Kosaki, T. 2007: Dynamics of water and soil organic matter under grain farming in northern Kazakhstan, In Climate Change and Terrestrial Carbon Sequestration in Central Asia, Eds. R. Lal et al., pp 279-331, Taylor and Francis, London
Funakawa, S., Watanabe, T., Kadono, A., Nakao, A., Fujii, K. and Kosaki, T. 2011: Soil Resources and human adaptation in forest and agricultural ecosystems in humid Asia, In World Soil Resources and Food Security, Eds. R. Lal and B.A. Stewart, pp 53-169, CRC Press, Taylor and Francis, New York
Ikazaki, K., Shinjo, H., Tanaka, U., Tobita, S., Funakawa, S., Kosaki, T. 2011: "Fallow Band System," a land management practice for controlling desertification and improving crop production in the Sahel, West Africa: 1. Effectiveness in desertification control and soil fertility improvement. Soil Science and Plant Nutrition. 57(4). 573-586.

IUSS 2016：Vienna Soil Declaration "Soil matters for humans and ecosystems", http://www.iuss.org/files/draft_vienna_soil_declaration_december_6.pdf
Lal, R. and Stewart, B.A. (Eds.) 1990: Soil Degradation, Advances in Soil Science, vol. 11, Springer Verlag, New York
Lewis, S.L. and Maslin, M.A. 2015: Defining the Anthoropocene, Nature, 519, 171-180
日本土壌肥料学会編 2015：世界の土・日本の土は今―地球環境・異常気象・食糧問題を土から見ると―，農文協
日本土壌肥料学会「土のひみつ」編集グループ編 2015：土のひみつ―食料・環境・生命―，朝倉書店
日本学術会議農学委員会土壌科学分科会 2016：提言「緩・急環境変動下における土壌科学の基盤整備と研究強化の必要性」, http://www.scj.go.jp/ja/info/kohyo/pdf/kohyo-23-t223-1.pdf

第2章
地球温暖化に関わる森林の土壌有機物の炭素貯留特性

石塚成宏

国立研究開発法人　森林総合研究所立地環境研究領域

1. はじめに

　地球上の炭素のうち，大気に存在する炭素は 828 P（ペタ，10^{15}）g であり，植物体の保持する 550 Pg，土壌中の炭素量は 1500〜2400 Pg と推定されている（Ciais et al., 2013）．つまり，大気と植物体，土壌それぞれの炭素プール間の出入りが少し変わると，大気中の炭素濃度は大きく変動し，大気の温室効果が大きく影響を受ける．

　森林生態系はこれらの中でも最も貯留量が大きい生態系である．森林生態系の中では土壌が最も炭素貯留量が多く，樹木の貯留量のほぼ倍量存在する．国連の気候変動枠組条約ではこれらの森林炭素プールを 5 つ（地上部バイオマス，地下部バイオマス，枯死木，リター，土壌炭素）に分け，それぞれのプールの増加・減少量を報告することになっており，ここでもこれら 5 つのプールに分けて考えることにする．地上部・地下部バイオマスは数十から数 100 年の寿命を持つ（もちろん，それ以上の樹齢のものも存在するが）生体バイオマスであり，成長期間の光合成生産物の一部が樹体内に固定されることから，比較的短い代謝回転速度によって制御されている．これに対し，枯死木，リター，土壌炭素はいずれも「死んでいる」有機物であり，ここではこれらをまとめて広義の土壌有機物として取り扱うことにする．リターは数年，枯死木は数年から数十年で分解されるが，土壌

有機物はかなり長期間土壌中に滞在し，数千年以上残留するものも珍しくない．これだけ分解にかかる時間が異なると，それぞれの分解速度を支配する要因も同じように考えることは適当ではないであろう．

これらの炭素プールにどれくらいの炭素量が蓄積しているかに関しての情報はそれぞれのプールで異なる．最も調査事例が少ないのが枯死木であり，最も調査事例が多いのが土壌である．土壌については過去の1万点余に及ぶ調査でかなり明らかになっているが（たとえば，Morisada et al., 2004），調査された年代が1950年代～1970年代と古い物が多く，さらに調査がいわゆる「良い林地」で行われた可能性が高く，現在の平均的な値を反映していると言い切れない問題がある．そこで，4km×4kmの格子点上の調査を行っている生態系多様性基礎調査のうち，ID番号の末尾が0および5の地点を選び出し，2006年からこれら枯死3プールの炭素蓄積量調査を行っている（林野庁のインベントリ整備事業，以下インベントリ調査）（図-1）．これにより，試験地選定バイアスの少ない炭素量調査が可能となり，徐々に実態が明らかになりつつある．この調査では，土壌炭素とともに，リターや枯死木に含まれる炭素量の調査も行われている．

図-1　林野庁の全国調査地点
（https://www.ffpri.affrc.go.jp/labs/fsinvent/results/より）

これらの炭素が，今後予想される環境変動に対しどのような反応をするかを予測するには，量とともに質の情報が重要である．とくに土壌に蓄積している炭素が温暖化によって CO_2 として放出されるとさらなる温暖化を引き起こすことが危惧されており，それには土壌炭素放出の温度感受性とそれを決定づけている土

壌炭素の性質について知ることが重要である．

　以下の章では，枯死木，リター，土壌炭素の各炭素プールの存在量と，それぞれの有機物構成分子についての最近の知見について述べていく．

2. 枯死木の炭素貯留

　樹木はさまざまな要因で枯死するが，急速に分解して消失することはない．とくに建築材などの耐腐朽・耐候性を考えるとわかるように，乾燥した枯死木はほとんど分解しなくなる．枯死木の分解は主として昆虫など土壌動物による摂食と微生物の分解の速度によって制御されている．枯死木は形態上，立枯木，倒木，根株の3つに分けられるが，地面・微生物との接触，水分環境，温度などの違いがこれらの分解速度に影響を及ぼしていると考えられ，倒木が最も分解が早く，次に根株が早く，立枯木が最も分解が遅い（酒井ら，2008）．

　枯死木の炭素蓄積量は，2438カ所のインベントリ調査の結果からヘクタール当たり4.2tと推定されている（Ugawa et al., 2012）．枯死木の炭素蓄積量は森林によってかなり変動が大きく，枯死木が全くない森林からヘクタール当たり86.7tもの炭素が蓄積しているものまで幅が広い．人工林の保育作業として，通常成長の悪い劣勢木を伐採する「間伐」と呼ばれる作業を行うが，その際に伐採した樹木をそのまま森林内に放置する「切り捨て間伐」が盛んに行われた時期があり，そういった森林内には大量の枯死木が放置されている．間伐を行った人工林では枯死木は6.7～22.3tとかなり大きくなることが知られている（Takahashi et al., 2010）．また，木材の収穫に相当する「主伐」においても，以前は切ったその場で枝払いや玉切りなどの作業を行い，丸太だけを森林外に搬出していたため，ある程度の枯死材が森林内に放置されていた．ところが，近年は主伐において「全木集材」と呼ばれるような伐採した樹木をまず大型機械の場所までそのまま搬出し，それを大型機械によって丸太に加工する作業が主流となりつつあること，バイオマス利用の促進策によって間伐材の有効利用が進むことが予想されることなどから，今後森林内に放置される枯死木量が大幅に減少すると予想される．こういったことを考えると，枯死木の存在量については，生物的分解速度だけでなく，社会経済的な背景にともなう人間活動の影響が大きいことがわかる．

これらの枯死木の分子的構成単位は，セルロース類（約70〜80％）とリグニン（20〜30％）である．セルロース類はD-グルコース同士あるいはD-グルコースとその他のペントース・ヘキソースとの重合体である．一方でリグニンはベンゼン核を中心にした複雑な重合体である．これらのうち，セルロース類は比較的微生物に利用しやすいと考えられており，リグニンは相対的に難分解と考えられている．これは，リグニンを分解できる微生物が限られていることが理由として挙げられる．

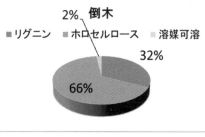
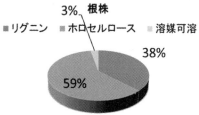

図-2　倒木と根株の成分別割合
（酒井らの結果を平均）

　成分別割合で見ると，倒木と根株では大きな差は認められない（図-2）．そして，これらの枯死木が分解していく過程では，少なくとも針葉樹についてはほとんどの例でリグニンとセルロース類はほぼ均等に分解していくことが明らかになってきている（Sakai et al., 未発表）．広葉樹の成分別分解データが非常に少ないなど，枯死木の成分別分解についてはまだわかっていないことが多く，今後の研究が期待される．

3．リターの炭素貯留

　リターの定義は研究者によって異なるため，その比較には注意が必要である．リターには，細い幹や細い枝，樹皮，球果，落葉などを含むのが一般的であるが，これは各研究者によって別々に定量されることもあれば，一緒に定量している場合もある．インベントリ調査においては，IPCCのガイドラインに従って，直径5cm以下の小枝，細い枝と球果，樹皮などの落葉以外のものと，新鮮落葉，L層，F

層，H 層に分けて採取している．その結果，リターの炭素蓄積量はヘクタール当たり 4.9t と見積もられている (Ugawa et al., 2012)．リターの蓄積量の地点間の差は枯死木ほど大きくなく，最大でも 28.4t であった．リターの構成成分は木材と大きく違

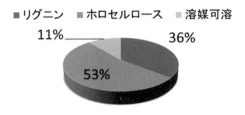

図-3　リターの成分別割合
（小野らの結果を平均）

わない（図-3）が，木材ほど高次の構造を持たないため比較的分解しやすい．さらにリターは土壌表面に蓄積するため，枯死木よりも水分環境が微生物にとって良好であることが多く，これも早い分解の一因である．リターに関しては，ほとんどの場合リグニンの方が分解されにくいと推定されている (Ono et al., 2009).

4. 土壌有機物の炭素貯留

　枯死木やリターが分解した残渣が土壌中に移動し，そのまま残っていたりあるいは土壌中の粘土鉱物などに吸着したりしている物が土壌有機物である．土壌有機物の炭素蓄積量は，ヘクタール当たり 69.4t 推定されている（Ugawa et al., 2012)．一般的に，土壌タイプによって平均炭素蓄積量は異なり，深さ 30cm までで比較すると，泥炭土（17.2 kg m^{-2}）や黒色土（13.8 kg m^{-2}）は炭素蓄積量が大きく，未熟土（3.9 kg m^{-2}）や赤黄色土（6.7 kg m^{-2}）は炭素蓄積量が小さい（Morisada et al., 2004）．これらの炭素蓄積量を支配する要因は，地上部バイオマス量に依存するリターの供給量，酸化還元電位（湛水条件だと分解が極端に遅くなる），土壌粒子の吸着性能，気温，降水量などが関係していると考えられる．
　枯死木・リターと違い，土壌有機物は構成成分が不均一であり，さまざまな性質を持つ有機混合物となる．熱分解ガスクロマトグラフ質量分析計の結果からは，リグニン骨格などの分子構造がある程度保持されている土壌もあるが，黒色土の有機物ではほとんど分子構造が認められない（Ikeya, 2004）．我々が希塩酸・硫酸による逐次抽出法によって得た酸加水分解溶液中の糖含有量を液体高速クロマ

トグラフで測定したところ，炭素の約 10 % が単糖あるいはその重合物であった．また，グルコースが最も多くマンノース，ガラクトース，キシロース，アラビノース，フルクトース，ラムノースなどが検出された（図-4）．マンノースやラムノースなどは植物体にはあまり含まれていないことから，これらは微生物による生成物と考えられる．植物由来のキシロースと微生物由来のマンノースの比率を比較すると，土壌の浅い部分ではキシロースの比率が高いのに対し，土壌の深い部分ではマンノースの比率が高くなっていた．このように，植物残渣由来の有機物が，徐々に分解されて微生物由来の糖類に置換されていっていることがわかる．

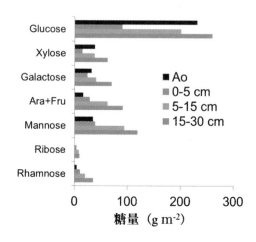

図-4　土壌中に存在する糖量（福島の例）

我々は，枯死木やリターの成分定量にも使われる逐次抽出法による化学分画とポリタングステン酸ナトリウムによる比重分画の比較を試みた．その結果，化学分画では黒色土では酸不溶性画分が多く，褐色森林土との間に差が認められた．一方で比重分画では両者の間に差が認められなかった．これらの結果から，黒色土の炭素にはなんらかの形で酸分解に対する抵抗性を持つ炭素が蓄積していることがわかる．

それぞれの構成成分の研究に関しては，これら化学分画・比重分画の他にも先ほど紹介した熱分解ガスクロマトグラフ質量分析計による研究（Ikeya et al., 2004）や，核磁気共鳴（NMR）による定量（Hiradate et al., 2006），さらにはフーリエ変換イオンサイクロトロン共鳴質量分析計（Fourier transform ion cyclotron resonance mass spectrometry, FT-ICR MS）による構成成分の推定（Ikeya et al., 2015）などが行われている．これらの結果により，土壌有機物の

全体像がかなり明らかになってきているが，まだまだ未解明なことが多い．とくに日本の土壌は火山灰の影響を強く受けていると同時に，遠くはゴビ砂漠やタクラマカン砂漠から飛来する風成塵が累積して（井上，1981）上方に土壌が生成していく環境があること，また次章に述べる様に過去の植生分布が土壌有機物の性質に影響していると考えられることなどから，これらが複雑に絡み合って土壌有機物の生成の解釈を困難なものにしている．

5. 黒色土の土壌有機物と植生史の関係

日本の森林土壌の分類体系である林野土壌分類には黒色土群という土壌群があり，文字どおり暗黒色の層位を持つ土壌である．この土壌は森林面積の10%強分布しており，「黒色ないし黒褐色の厚いA層を有し，A層からB層への推移は明瞭」とされる（森林土壌研究会，1982）．この土壌の生成については，火山灰の風化生成物と土壌有機物が強く結びつく，いわゆる有機無機複合体が重要と考えられるが，それが黒色を示す理由（火山灰があっても，必ずしも黒色を示すとは限らない）についてはよくわかっていなかった．一方で，河室ら（1986）は，同

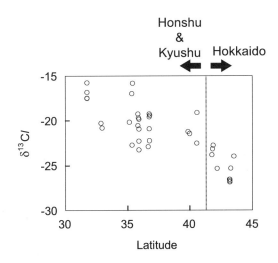

図-5 黒色土の炭素同位体比と緯度の関係（Ishizuka et al., 2014 から引用）

じ母材の黒色土と褐色森林土を比較して，黒色土にはイネ科草本の花粉が多く存在するのに対し，褐色森林土ではイネ科草本の花粉が少なかったことを花粉分析により明らかにした．この結果は黒色土の黒色土層にはイネ科草本が関与していることを強く示唆しているが，問題の黒色土壌有機物に対してどの程度イネ科草本が寄与しているかについては直接検証することはできなかった（花粉は土壌への混合物であり，大部分の炭素は花粉以外の植物遺体起源であるため）．

　その後，同じ土壌の炭素安定同位体比を測定し，黒色土の有機物には C_4 植物起源のもの（C_4 植物はススキ・チガヤなどの草本植物）が半分ほど含まれており，褐色森林土よりも多く含まれていることを確認した（石塚ら，1999）．閉鎖した森林下では C_4 植物がこれほど混入することはあり得ず，この黒色土層の有機物が供給された当時は草原植生であったこと示す有力な証拠である．その後も，複数の論文で同様の結果が得られており（たとえば，Yoneyama et al., 2001, Hiradate et al., 2004），黒色有機物の生成には草原植生が深く関与していることはほぼ間違いがない．さらに，この炭素安定同位体比には緯度依存があり，南に行くほど C_4 植物の割合が増加することも明らかになっている（図-5, Ishizuka et al., 2014）．同じ草原でも C_3 植物と C_4 植物の生産量の比率が緯度に応じて変化し，土壌中に供給される有機物の炭素安定同位体比が緯度に応じて変化することが北米大陸でも確認されており（Epstein et al., 1997, Tieszen et al., 1997），今回の結果も同じメカニズムが働いていると考えてよいであろう．すなわち，植物は温暖な気候ほど生産力が高くなるが，その生産力の温度感受性が C_4 植物の方が高く，暖かいほど C_4 植物の植物遺体の比率が高くなる．これにより，黒色土を生成した草原植生においても，南に行くほど C_4 植物の生産量が C_3 植物の生産量よりも相対的に大きく上昇し，黒色土中の炭素安定同位体比が南に行くほど上昇（C_4 植物に近くなる）する結果となったと考えられる．

　このように，黒色土の有機物が草原植生起源のものであることはほぼ間違いがないが，ではその「黒さ」はどこからくるのだろうか？我々の炭素安定同位体比の結果を，黒さの指標のひとつであるメラニックインデックスという値と比較してみたのが図-6である．このメラニックインデックスとは，土壌をアルカリで抽出した溶液のスペクトル吸収特性から算出される値で低いほど黒く，アメリカの

土壌分類である Soil Taxonomy の中では，Melanic 層を識別するのに用いられている（このメラニックインデックスが 1.7 以下になることが Melanic 層となる条件のひとつとなる）．この図では，褐色森林土はメラニックインデックスが 1.7 より大きく，黒色土でもいくつかの層位ではメラニックインデックスが 1.7 より大きくなっている．黒い丸および黒い三角のシンボルで示される黒色土層では，概ねメラニックインデックスが低くなるほど炭素安定同位体比（$\delta^{13}C$）の値が大きくなる傾向があるが，炭素安定同位体比が大きいほど C_4 植物の割合が大きくなることを意味しているから，すなわち C_4 植物の割合が高いほど有機物は黒くなることを示している．ススキを燃焼させると簡単に黒色の有機物が生成することが確認されており（本間，1998），すなわち黒色土の黒さはススキなどの草本の分解物が黒いことが寄与していることを強く示唆している．このことについて

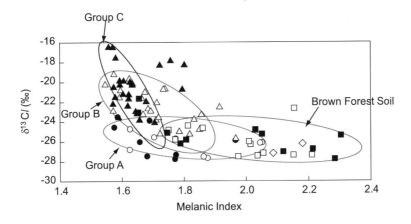

図-6　メラニックインデックスと炭素安定同位体比の関係
（Ishizuka et al., 2014 から引用）

はまだ研究が道半ばであり，今後の研究によって明らかにされていくことを期待したい．

6. 気候変動と土壌有機物の関係

温暖化によってどの程度土壌有機物の分解が促進されるのかについて精度の高い予想をするためにさまざまな研究が行われている．たとえば，温暖化した場合に影響の大きいのはどういう場所だろうか？一般に気温が高いほど微生物の活動は活発になり，より有機物の分解が進むと考えられている．したがって，北半球では北に行くほど土壌中の有機物は分解が進んでおらず，炭素がより多く蓄積するとともに，より分解しやすい有機物が溜まっているはずである．我々の研究結果から，土壌呼吸活性が高い土壌ほど残存する糖量が減少していた（Ishizuka et al., 2006）．このことは，気温の低い生態系ほど気温の上昇時の分解促進が顕著である可能性を示唆している．こういった寒冷地の温暖化はかなり短期間での土壌からの炭素放出に結びつくと考えられるが，こういった易分解性の有機物が枯渇してしまえば分解基質の濃度低下による分解速度の低下も予測される．一方で，温暖化によって地上部バイオマスの生産量が大きくなれば，枯死有機物の供給も大きくなるから，こういった易分解性有機物供給も大きくなると考えられ，なかなか予測も一筋縄ではいかない．これら生態系の加温実験なども行われているが，メンテナンスや維持費が大変でなかなか観測事例を増やすことができていない．また，これまでの研究は比較的浅い層の炭素の変動を対象にしていたが，下層にもかなりの量の炭素が蓄積しており，これらが温暖化によってどのように変化するのかについては，まだよくわかっていない．

7. 今後の課題

土壌有機物がどういった分子群で構成されているかについては，完全な回答は得られないにしても，機器分析の発展に伴って昔ではわからなかったことが徐々に明らかになってきている．定性的かつ定量的な把握が進めば，土壌有機物の分解特性が益々明らかになり，温暖化に対する反応予測精度も向上するだろう．今後の研究に期待したい．

引用文献

Ciais, P., C. Sabine, G. Bala, L. Bopp, V. Brovkin, J. Canadell, A. Chhabra, R. DeFries, J. Galloway, M. Heimann, C.Jones, C. Le Quéré, R.B. Myneni, S. Piao and P. Thornton 2013. Carbon and Other Biogeochemical Cycles. In Stocker, T.F., D. Qin, G.-K. Plattner, M. Tignor, S.K. Allen, J.Boschung, A. Nauels, Y. Xia, V. Bex and P.M. Midgley eds., Climate Change 2013: The Physical Science Basis. Contribution of Working Group I to the Fifth Assessment Report of the Intergovernmental Panel on Climate Change. Cambridge University Press, Cambridge, United Kingdom and New York, NY, USA. 465-570.

Morisada, K., K. Ono and H. Kanomata 2004. Organic carbon stock in forest soils in Japan. Geoderma 119:21-32.

Takahashi, M., S. Ishizuka, S. Ugawa, Y. Sakai, H. Sakai, K. Ono, S. Hashimoto and Y. Matsuura 2010. Carbon stock in litter, deadwood and soil in Japan's forest sector and its comparison with carbon stock in agricultural soils. Soil Science and Plant Nutrition 56:19-30.

酒井佳美・高橋正通・石塚成宏・稲垣善之・松浦陽次郎・雲野明・中田圭亮・長坂晶子・丹羽花恵・澤田智志・北条良敬・玉木泰彦・綱谷珠美・武田宏・相浦英春・山内仁人・島田博匡・岩月鉄平・山場淳史・山田隆信・前田一・室雅道 2008. 材密度変化による主要な針葉樹人工林における枯死木の分解速度推定．森林立地 50(2):153-165.

Ugawa S, M. Takahashi, K. Morisada, M. Takeuchi, Y. Matsuura, S. Yoshinaga, M. Araki, N. Tanaka, S. Ikeda, S. Miura, S. Ishizuka, M. Kobayashi, M. Inagaki, A. Imaya, K. Nanko, S. Hashimoto, S. Aizawa, K. Hirai, T. Okamoto, T. Mizoguchi, A. Torii, H. Sakai, Y. Ohnuki, and S. Kaneko 2012. Carbon stocks of dead wood, litter, and soil in the forest sector of Japan: general description of the National Forest Soil Carbon Inventory. 森林総合研究所研究報告 11:207-221.

Ono K., K. Hirai, S. Morita, K. Ohse, and H. Syuntaro 2009. Organic carbon accumulation processes on a forest floor during an early humification stage in a temperate deciduous forest in Japan: Evaluations of chemical compositional changes by ^{13}C NMR and their decomposition rates from litterbag experiment. Geoderma 151:351-356.

Hiradate S., H. Hirai, and H. Hashimoto 2006. Characterization of allophanic Andisols by solid-state ^{13}C, ^{27}Al, and ^{29}Si NMR and by C stable isotopic ratio, δ^{13}C. Geoderma 136:696-707.

Ikeya K., S. Yamamoto, and A. Watanabe 2004. Semiquantitative GS/MS analysis of thermochemolysis products of soil humic acids with various degrees of humification. Organic Geochemistry 35:583-594.

Ikeya K., R. L. Sleighter, P. G. Hatcher, and A. Watanabe 2015. Characterization of the chemical composition of soil humic acids using Fourier transform ion cyclotron resonance mass spectrometry. Geochimica et Cosmochimica Acta 153:169-182.

井上克弘 1981．火山灰土壌中の 14Å 鉱物の起源－風成塵の意義－．ペドロジスト 25:17-38.

Epstein H. E., W. K. Lauenroth, I. C. Burke, and D. P. Coffin 1977. Productivity patterns of C_3 and C_4 functional types in the US Great Plains. Ecology 78:722-731.

Hiradate S., T. Nakadai, H. Shindo, and T. Yoneyama 2004. Carbon source of humic substances in some Japanese volcanic ash soils determined by carbon stable isotopic ratio, delta C-13. Geoderma 119:133-141.

本間洋美, 丸本卓哉, 西山雅也, 進藤晴夫 1998．各種温度でのススキの燃焼過程における元素組成と腐植組成の変化．土壌肥料学雑誌 69:429-434.

石塚成宏, 河室公康, 南浩史 1999．黒色土および褐色森林土腐植の炭素安定同位体分析による給源植物の推定－八甲田山南山麓における事例－．第四紀研究 38:85-92.

Ishizuka S., K. Kawamuro, A. Imaya, A. Torii, and K. Morisada 2014. Latitudinal gradient of C4 grass contribution to Black Soil organic carbon and correlation between $\delta^{13}C$ and the melanic index in Japanese forest stands. Biogeochemistry 118:339-355.

河室公康, 鳥居厚志, 吉永秀一郎 1986．林業試験場研究報告 337:69-89.

Tieszen L. L., B. C. Reed, N. B. Bliss, B. K. Wylie, and D. D. DeJong 1997. NDVI, C-3 and C-4 production, and distribution in great plains grassland land cover classes. Ecological Application 59-78.

Yoneyama T., Y. Nakanishi, A. Morita, and B. C. Liyanage 2001. $d^{13}C$ values of organic carbon in cropland and forest soils in Japan. Soil Science and Plant Nutrition 47:17-26.

Ishizuka S., T. Sakata, S. Sawata, S. Ikeda, C. Takenaka, N. Tamai, H. Sakai, T. Shimizu, K. Kan-na, S. Onodera, N. Tanaka, and M. Takahashi 2006. High potential for increase in CO_2 flux from forest soil surface due to global warming in cooler areas of Japan, Annals of Forest Science 63:537-546.

第3章
食生活の変化と土地利用方式の革新

佐藤　了
秋田県立大学

1. はじめに――背景と課題――

　本章では，農業的土地利用方式（農法）の革新という視点から"土壌"の意義に接近する．

　農業では，動植物を直接採取・狩猟せず，土壌など周辺の自然環境に働きかけて動植物を栽培し，飼養する．農業は根っからの自然環境制御産業なのである．また，工業では，通常，土地は敷地の意味を出ないから，農業と工業には土地・土壌とのかかわり合いにおいて本質的な違いがあると言ってもよい（図1）[1]．

　人間は，自らの「自然制御能力」を発達させることによってその生存条件を確保してきた．そのこと自体は誰から見ても明らかなことだと思われる．だが，たとえば経済学分野においては，通常，人間（社会）の生産力は労働生産性としてある生産物をどれくらい少ない労働コストでできるかに還元して捉えられてきた．それを自然制御能力として捉えるべきだという視点が現れたのはさほど古いことではない．自然資源問題，地球環境問題がクローズアップされてきた1980年代に置塩信雄によってなされたのが最初ではなかったであろうか．氏は労働生産性を否定したわけではない．労働生産性の上昇は人間の自由な時間の増大のために必要なことだが，自然への影響，労働者への影響を考慮に入れて規定されねばならないと指摘したのであった[2]．

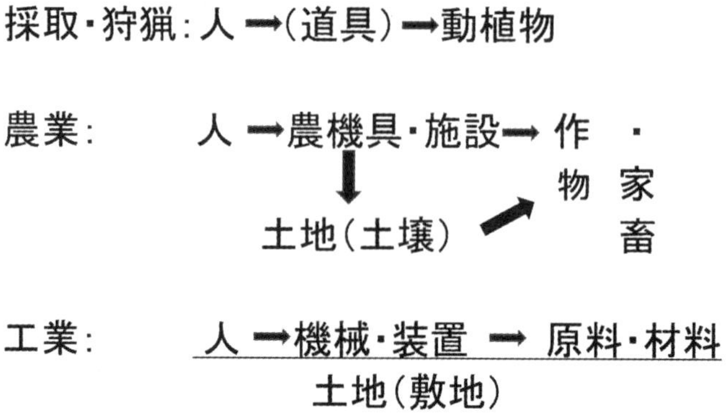

```
採取・狩猟： 人 ➡(道具)➡動植物

農業：    人 ➡農機具・施設➡ 作 ・
              ⬇         ↗  物 家
           土地(土壌)        畜

工業：    人 ➡機械・装置 ➡ 原料・材料
         土地(敷地)
```

図1　農業と工業の違い－土地とのかかわりをめぐって－
資料：七戸長生 1986. 日本農業の経営問題　北海道大学出版会, 札幌. 17-23頁, 及び田代洋一 2011.農業・農村の存立意義　梶井功編著「農」を論ず－日本農業の再生を求めて－, 農林統計協会, 東京. 19-41頁を参照して作成.

　生産力を向上させようとすると，農業の領域では，当初から土地・土壌など周辺の自然環境をいかに制御するかという問題に正面から取り組まざるを得ない．したがって農業的な土地利用のやり方（仕方・様式）についてそれぞれの地域に適するように工夫し，それらを概括して規則性・法則性を探求していく分野として土地利用方式論（農法論）が発達することになった[3]．こうして成立してきた土地利用方式とは，農業経営（人）が機械等を骨格とする作業体系を通じて土地・土壌に働きかけ，ある規則性を持った作付体系を通じて経営成果を得ようとするやり方（仕方・様式）のことと概括できよう．農業では同一の土地・土壌を反復利用し，それを通じて持続的に多くの収穫をあげようとする．それゆえ現実の農耕過程は，利用する土地・土壌に物理的・化学的・生物的な劣化を起こすことなく，むしろ向上をもたらすようになされなければならない．

　わが国においてこの分野が集中的な発展をみたのは，第二次大戦後まもなくのころからであった．農地改革が行われたとはいえ，わが国農業の現実は，乏しい肥料分を人間の手間暇を惜しみなくつぎ込んで何とか収量を確保しようとする労働力濫費農法[4]あるいは偏肥農法[5]の域を出てはいないものと捉えられた．当時のわが国の土地利用方式論には，こうした現実をいかに克服して日本農業の近代

化を図っていくべきか，別な言葉で言えば，「農地改革から農業改革へ」をいかに進めていくべきかという差し迫った共通の問題意識があったのである．この分野の研究からそのあるべき道筋への一致した回答が導き出されたわけではなかったが，土地・土壌を使う農業の自然制御能力とは，①地力再生産方式及び②雑草防除方式の2点に集約的に現れるという把握[6]に至ったことは，1つの貴重な成果であったと考える．

　今日，土地利用方式を問おうとするとき，農学の長い実践的・法則的な問いと回答の積み上げが，他の諸学に先んじて自然制御能力の具体的な把握を要請し，可能にしたのだということを改めて想起しておきたい．

　その土地利用方式の革新とは，部分的な変化にとどまらず，たとえばある機械・作業体系の変化が土壌への働きかけ方や作付体系を変えるなど方式全体に及び，そこに何らかの積極面が認められる場合などのことを指す．その革新が社会的に起きるためには，少なくとも①食料需要と供給構造の大幅なシフト，②農業技術の革新，③経営主体の革新の3つが生起する必要がある．

　わが国の場合，食料需要の変化，食生活の"洋風化"が他に先行して起きた．しかし，その食料需要の変化は，戦後自由貿易体制下での農産物輸入とりわけ飼料輸入をテコとした供給構造によって実現される特異な経過を辿ってきた．このため，国内では，耕種と畜産の物質循環が断ち切られ，循環に基づかない，各々の"部分効率性"を追求する農産物の供給構造が形成された．それゆえ，農業技術も経営主体もその構造を前提とする改善に主たるエネルギーを注入することとなった．それは，確かに戦後自由貿易体制下では"一定の合理性"を発揮した面がある．ところが，今世紀に入って世界の穀物や飼料の価格の暴騰と高止まり傾向があらわになり，"食料争奪"時代の到来が懸念される事態に至った．まさにこの時期に，わが国は農業担当層の本格的な世代交代期を迎えることになり，不安定性を増大させつつある．

　こうしたことから，わが国はいま，国民の食料需要を国内農業需要に転換する技術・経営・意識等の諸改革を本格的に問わなければならない時代に直面している．そこで本章では，まず，国民の食生活の変化と昨今の世界の穀物や飼料の価格高騰を確認し，次に土地利用方式の新たな動きを示す事例を解析し，そこから

示唆されるものについて考察していくこととする．

2．わが国の食生活の"洋風化"とその供給基盤の不安定化

1）わが国の食生活の"洋風化"

　一国の経済が成長し，人々の所得が増えると，穀類に代わって肉類や乳製品，油脂類，嗜好品の消費拡大の傾向が現れる．日本も，高度経済成長期以降，同様の傾向を辿り，近年では油脂類の過剰摂取，炭水化物やビタミンの摂取不足，ジャンクフード化による栄養不足が問題視される一方，食生活の外部化・簡便化を伴う"洋風化"の傾向は変わらないように見える．

　図2は，1人当たりGDPの大きさ，つまり経済成長の達成度を横軸に取り，1人当たりの穀物消費量を縦軸に取って各国の到達点を見たものである．直接に食用として食べる「食用穀物量」と食用穀物量と飼料穀物量を足した「総穀物消費量」を示したのがこの図の留意すべき点である．食用穀物消費量はやや右下がりに，1

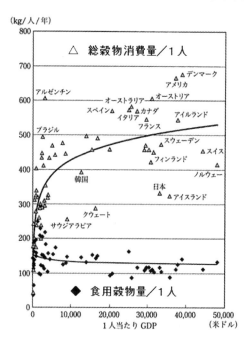

図2　1人当たり国内総生産と穀物消費量（2003年）
資料：FAO "Food Balance Sheet" 総務省「世界の統計」．高橋正郎編著　2013．食料経済　231頁より引用，加筆．
注：1）△印は，1人当たり総穀物消費量で食用に供されるもののほかに，畜産物を生産するための飼料作物を合算したもの．
2）◆印は，食用に供された穀物．

人当たり GDP（国内総生産）の増加に伴ってゆるやかに減少する傾向にあること，総穀物消費量はそれとは逆に急増することが明らかである．両者の間に生まれている大きなギャップは，主に畜産物消費の増大によるものである．

　以上の傾向から推察すると，21 世紀には，途上国を中心とする人口増加と経済成長に伴い飼料穀物の爆発的需要増が予測される．国連は世界人口が 90 億人に達するナインビリオンイヤーの 2050 年までに食料を 2005/07 の 70 ％増産が必要だとする[7]．日本としても，風土に根ざした食文化を高めるなどの"永続的システム"としてのフードシステムの創出・定着が課題にならざるを得ないであろう．

　ところが，わが国の食生活で進んでいるのは，米消費減少と食の外部化・簡便化を伴う"洋風化"である．なかでも，わが国の主食と目されてきた米消費の減少は驚くばかりで，20 年後には 1 人あたり 40kg 台突入という予測まである．1 人当たり年間米消費量は，1962 年の 118.3kg（精米）をピークに減少に転じ，「日本型食生活」が注目された 80 年代に 70kg 台，91 年以降 60kg 台，08 年以降 50kg 台になった[8]．今後，2035 年の予想では 48.8〜50.1kg，人口減少[9]も加わる米消費総量は 608〜624 万 t と，2014 年（778 万 t）から 150 万 t 以上減少するという推計がある[10]．

　それは食生活スタイルの変化と密接に係っている．家計調査等によると，食料支出全体は減少傾向にあるのだが，調理食品とくに主食的調理食（弁当やおにぎり，調理パン等）の伸びは驚異的で，近年，米とパンの年間支出額が逆転し，米の主食の座が揺らいでいる．すなわち家計調査「二人以上世帯，実質，1970-2014 年」のトレンドでは，調理食品（226.2 ％）とくに主食的調理食（弁当，おにぎり，すし，調理パン等，260.2 ％）の伸びが大きい．また，主食の動きは（2000〜14 年），米の減少（▲19.7 ％），パン（+16.9 ％）とめん類（+0.9 ％）の増加で，2010 年代に入ってから，米とパンの年間支出額の逆転現象が認められる．こうした日本の食の外部化は，商品開発や社会インフラの整備によっても加速され，その比率が 2014 年の 30.1 ％から 35 年 41.1 ％，40 年に日本の食品の 70 ％以上が家庭外調理になるというアメリカ穀物協会の予測もある[11]．

2）自由貿易体制下の食料供給構造の形成

　こういった状況が出来上がってきた背景には，"自由貿易体制"下でのわが国

特有の食料供給構造の形成があった．わが国は，占領国米国の世界食糧戦略[12]の下，1954年のMSA小麦受け入れを嚆矢として輸入依存体制を築いた．高度経済成長期以降急増した畜産物需要も，米国などからの飼料輸入をテコとする生産体制で対応し，先に見た食料消費傾向もこの体制下で可能になったものである．

図3は，家畜単位に換算した飼畜頭羽数の伸びと飼料供給の輸入率や濃厚飼料率の推移を見たものである．右スケールが頭羽数の伸び率，左スケールが濃厚飼料率と飼料輸入率を示すが，これによると，次の2点が指摘できる．第1は，飼畜頭羽数全体が1960年から80年代まで急伸して90年代から減少しはじめ，2000年代に入ってからは1960年の約12倍近くで横ばいとなっていること，そのうち粗飼料依存型の牛は約1.3倍と比較的伸びが小さく，約5倍強に大きく伸びたのが濃厚飼料依存型の豚と鶏で，わが国の畜産は濃厚飼料に強く依存する形になってきたことである．第2は，その濃厚飼料率と同輸入率が80年代までうなぎ登り

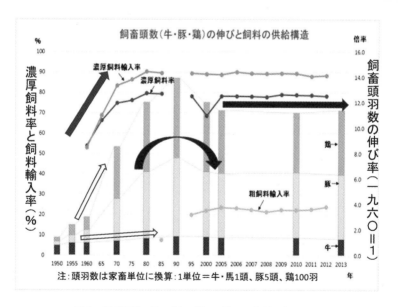

図3　飼畜頭数（牛・豚・鶏）の伸びと飼料の供給構造
資料：農林水産省生産局畜産部畜産振興課資料により作成．ただし，1960年数値は梶井功編著2011．「農」を論ず－日本農業の再生を求めて－，農林統計協会，東京．2011, 67頁より引用．
注：頭羽数は家畜単位に換算（1単位＝牛・馬1頭, 豚5頭, 鶏100羽）．

に上がり，以後，前者が 80 ％ライン，後者が 90 ％ラインで横ばいであること，80 年代半ば以降，粗飼料輸入率が 2 割強まで上昇したまま，近年横ばい状態で，このマクロ的なデータから見るかぎり輸入依存の飼料供給自体に大きな変化はないことである．

"急速な洋風化"という日本の食料消費傾向も，この米国中心の戦略的飼料穀物供給への依存体制下で初めて可能になったものである．同時にこうしたプロセスは，かつて小農的家族経営の中で一体だった耕種と畜産の物質循環を，積極的に否定する過程も伴った．また，わが国の水田作経営において，稲以外の作物を顧みない「稲作の独往性」[13] が指摘されてきたが，それも，上述した米国の世界戦略構造の下で，「他に作るものがない」かたちで生起したものであった．

3）世界の穀物価格高騰と食料争奪時代

ところが，今世紀に入って世界の穀物価格の高騰が顕著になり，"食料争奪"時代の到来が懸念されるようになった[14]．2009 年には日本政府も「食料がいつでも手に入る時代ではない」と表明し，マスメディアも一時期，食糧問題に取り組むかに見えた．

図 4 は，世界の穀物価格動向を米国のシカゴ市場の相場からみたものである．それは，2007 年以降とくに 2008 年には以前の 3〜4 倍に高騰し，36 か国が自国民優先の立場から輸出の禁止や制限をしたため，輸入依存の途上国などで抗議行動や暴動まで起きた．その後，2014 年ころから価格がやや落ち着く動きをみせたが，なお，2〜3 倍に高止まりしている．

この一連の動きは，一時的・循環的なものではなく，世界の食料需給構造の変化によるものだと考えられている．すなわち①世界的人口増加，②中国などの急激な経済発展と食生活の高度化，③バイオ燃料向け農産物の需要増加，④異常気象頻発，⑤砂漠化の進行・水資源の制約，⑥家畜伝染病の発生などが相まって機能しているのである．

食糧価格の暴騰直後には，暴騰作目の一時的な生産量増大が起きた．そのことが価格を下げる役割を果たす一方，地球上の 5 億 ha 上限と限られた可耕地で儲かる作物への強引な作付転換と単作的作付けをした結果でもあった．また，中国の"爆買"が世界食糧市場の不安定要因を増大させる．これらによってわが国が重

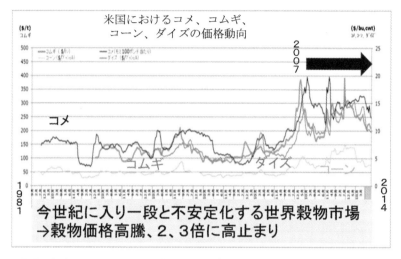

図4 米国におけるコメ，コムギ，コーン，ダイズの価格動向（1982.9～2015.3）
資料：米国農務省（USDA）：Rice Outlook Table3/ Rice Situation & Outlook Yearbook Table8/ Wheat Data Table20/ Feed Situation and Outlook Yearbook/ Feed Grains Database Table9/ Oil Crop Outlook Table8（引用）．

視してきた農産物確保の価格・品質・供給の三つの安定が脅威にさらされているのである[15]．

　同じ時期，わが国の農畜産物と農業資材の価格関係が大きく変化した．図5は，2000年＝100としてその後の農産物と農業資材の価格動向をみたものである．これによると，①麦・大豆・米等，耕種作物価格が大幅に下落していること，②それに対して畜産物価格は小さい伸びにとどまること，以上のような農畜産物価格とは対照的に，③飼料・肥料等の資材価格は大幅に上昇したことがわかる．その結果，国内の農畜産物価格が品目によっては輸入価格と接近するという事態がもたらされた一方，資材価格の高騰によってコストがプッシュアップするという問題に直面することとなったのである．

4）近年の与件変化の諸特徴
　こうした中で，近年，何が起きているのか，主題に関係する点に絞って見ておくと，次の5点が指摘できる．

第3章 食生活の変化と土地利用方式の革新

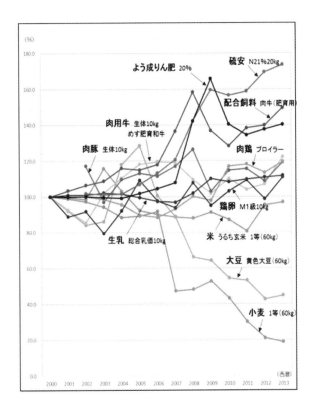

図5 農産物と農業資材の価格動向（2000〜2013）
資料：農林水産省「農業物価統計」2000〜2013年各年版より作成．

　第1は，国民の食料への関心が強まりつつある点である．2014年1月実施の世論調査では，今後，「できるだけ国内で」生産すべきという回答が92％と前回（2010年）の世界食糧危機直後の90％を上回り，調査史上最高値を記録した．また，「食料供給になぜ不安か」理由を尋ねたところ，人口，異常気象，砂漠化などを抜いて「農地，高齢化，技術など国内の食料供給能力の低下」という回答が82％と突出した．2011年3月11日の東日本大震災・福島第一原発事故の影響も考えられるが，国民の関心が国内農業に向かっているのは明らかである．
　第2に，為替が円安に振れる中で，農産物の内外価格差関係に変化が生じ，一

部品目で輸入農産物と価格競争できる状況が生まれつつある点である．まず小麦は，いまやわが国国民の主要食糧としてパン・麺・菓子・味噌など多様な用途で使用され，食生活に大きな役割を持っている．国産小麦がその1割強という状況は大きくは変わっていないが，上述の国際価格高騰時を前後して麺用に加えてパン，中華麺，菓子等での国産への需要拡大が進み，大手2次加工メーカーが使用可能な中力系・強力系品種への供給体制が北海道はじめ関東，九州などの主産地でも整い始め，国内産品種間の需給不均衡，産地間競争，国内産表示の不徹底等の課題もあるものの，「我が国における小麦製品での国内産麦の使用状況を大きく変える可能性」[16]がでてきたと評価されるまでに至っている．また，大豆においても，豆腐，油揚げ，納豆，味噌，醤油5品目平均の国産大豆の流通過程使用割合（推計）は2005年の20％から10年の25％に伸び，2009年のPOSデータ分析によると納豆の国産表示品は表示なし品の1.3倍の価格で，国産表示豆腐の最も多い小売帯価格は120円前後（350g換算）だが，分析結果が示すところでは，「（その）価格を少し下げただけで大きく需要が伸びる」[17]状況になっている．

　一方，飼料作についてはどうか．政府の戦略作物と位置づけられる飼料稲は，2015年度基本計画で2025年には110万t生産を努力目標とし，これに直接支払い交付金，5.5〜10.5万円/10aが示されたが，①食用米へのコンタミへの懸念等から多収品種が拡がらず，②作付けが拡大するほど財政負担が嵩むなど，多くの課題が指摘される．これに対して交付金が3.5万円/10aと低いトウモロコシは，すでに自家牛用ホールクロップサイレージWCS480万tなどの実績値がある．加えて子実トウモロコシ（Non-GMO，非遺伝子組替）の生産・利用が，後述する事例（M農場）などにおいて耕種経営と養豚経営の連携で共同開発していることは興味深い．それが，現在契約している価格4万円/tなら，①低運送費，②堆肥需要先確保，③マーケティング有利で養豚経営にとってもメリットがあるが，①夾雑物の混入，②コスト（3.5万円/t目標），③資金繰りなどが今後の課題としてあげられている[18]．

　こうした取り組みが多方面から起きつつあることに改めて注目されるが，TPP等の情勢によってはその前提条件が大きく変化する．

そうした中で，第3には，さらにいくつかの不都合な事実をも直視しておく必要がある．まず1つは作物収量の動向である．日本と海外の稲，小麦・大豆・トウモロコシなどの単位面積当たり収量の1963年から2011年までの推移をみた表1によると，比較劣位に放置されてきた畑作物だけでなく米までも，海外で伸び，日本で停滞してきたことがわかる．かつて高収量で知られた日本の米が1980年代以降，すっかり停滞にあえいでいるのである．2つは肥料投入量の動向である．図6によると，近年，日本の米への肥料投入量は，化学肥料も堆肥等も大幅に減らし，回復・改善の兆しは確認できない．このように日本の耕種農業は，現在，生産の投入と収量という基本において痩せに痩せ細っている姿になっているのである．

　第4には，土地利用方式の枠組みに関わることとして見逃せないことに米と畜産の価格相対関係が2000年代になって大きく変わってきたことがある．米価と和子牛価格の相対関係を見た図7によると，2000年代になって和子牛の有利性が強まる傾向にあることがわかる．また，表2-1は牛肉対米の同重量価格比を長期観察したものである．ドイツでは，牛肉価格は19世紀の半ばまで同一重量小麦価格の3倍台で推移していたが，1860年代から4.3倍，70年代5.1倍，80年代6.4倍，90年代7.6倍，1900年代7.8倍と急速に伸び，耕種から畜産への切り替えが促進され，畜産物価格の昂騰のもとにおいて輪栽式への移行という農法転換が起き

表1　日本対海外の収量水準の推移　　　　　　　　　（単位：kg/10a, %）

	水稲（籾ベース）		小麦		大豆		トウモロコシ	
	日本	海外平均	日本	海外平均	日本	海外平均	日本	海外平均
1963	501	318	233	201	126	107	254	245
2011	663	579	350	469	163	202	257	636
年平均増加率（全期間）	0.60	1.46	0.91	1.99	0.57	1.56	0.08	2.15
同（1964～1979）	0.95	0.78	1.83	2.44	0.67	2.07	-0.14	2.08
同（1980～1994）	0.34	1.60	0.60	2.42	0.97	1.95	0.18	2.56
同（1995～2011）	0.32	1.41	0.32	1.20	0.13	0.74	0.20	1.85

資料：FAO「FAOSTAT」各年次．梅本雅　2015．堀口健治・梅本雅編　大規模営農の形成史　農林統計協会，東京.527頁より引用，作成．

注：海外は中国、韓国、インドネシア、ベトナム、インド、フィリピン、台湾、アメリカ、カナダ、イギリス、ドイツ、フランス、イタリア、オランダ、ブラジル、パラグアイ、オーストラリア、ニュージーランド、エジプトのデータがある国の平均．

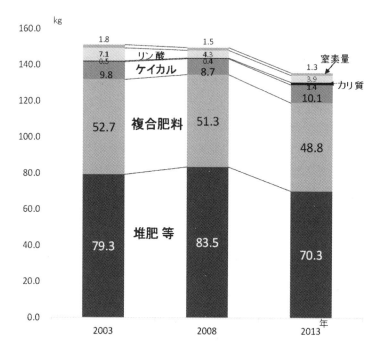

図6 米の10a当たり肥料投入量の推移
資料：農林水産省「米生産費調査」各年版の「原単位量」より作成．

た（Th.ブリンクマン『農業経営経済学』大槻正男訳）．しかし，ドイツと日本の比較研究を試みた梶井功は，明治以降第2次大戦終戦以前の日本では，畜産物需要の増加は増加率としては顕著であったが，「それは，農業恐慌を契機にヨーロッパですすんだような，耕種地代と畜産地代のいわば逆転をひきおこすほどのものではなかった」と，国民の食料消費構造と供給構造のダイナミックな変化が起きなかったことを指摘した[19]．表2-2によると，第2次大戦後になると，牛肉価格は同一重量の米価に比較して1950年代3倍台，60年代4,5倍台，70〜2000年代前半まで90〜94年の7.22を除き6倍台であったが，2000年代に入ると，2005〜09年に8.9倍，10〜13年8.68倍と，100年前のドイツのレベルを超えて急伸した．品目間比較の限りではあるが，この面でも畜産有利という変化が確認できるであろう．だが，先に見たように飼畜頭数の伸びや飼料の供給構造などには統計

第3章　食生活の変化と土地利用方式の革新　（41）

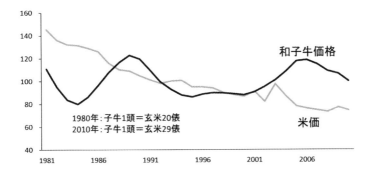

図7 米価と和子牛価格の推移
資料：農林水産省「農業物価統計」各年版より千田雅之氏作成．
注：消費者物価指数でデフレートした1981年から2010年の実質価格を100とする指数表示．

的に確認できるほどの変化は，まだ，起きていない．別途，立ち入った検討が必要である．

　さらに第5には，20世紀後半の農業をめぐる諸情勢の推移が複雑な次のような新たな問題を投げかけてきたことである．それは，①化石エネルギーの多投入・多消費問題や化学肥料，農薬等の化学的生産資材の投入過多ならびに環境放出問

表2-1 同一重量当たり小麦価格と牛肉価格の比較（ドイツ）

	A 小麦価格	B 牛肉価格	AとBの相対比
	（100kg当たり）	（100kg当たり）	
1822～1830	12.2	42	3.4
31～40	13.8	52	3.8
41～50	16.8	70	3.4
51～60	21.1	87	3.3
61～70	20.4	114	4.3
71～80	22.3	117	5.1
81～90	18.1	125	6.5
91～1900	16.4	150	7.6
1901～1910	19.2		7.8

資料：表2-2の資料①より引用．原資料はブリンクマン　1968（原著　1935）．農業経営経済学　大槻正男訳，地球社，東京，260頁．

題，②塩ビ等一部の化学化合物使用資材を原因とする環境ホルモンや原発事故による放射性物質の環境への漏出問題やBSE（牛海綿状脳症），口蹄疫，鶏インフルエンザ等疾病の発生・伝播問題，GMO（遺伝子組換作物）等による人間の健康や生物多様性への影響懸念問題などに直面するようになったことである．農業のあり方は自然の物質代謝・再生産のあり様と直接的に絡み合うものであり，また，経口食品として人間の健康ひいては人間の存続に直接的にかかわるものである．このため，以上のような一連の問題発現を克服するために強く要請されるようになったのは，なによりもまず〈人間の存続〉への配慮要求であり，食と農業のあり方に『安全・安心』を求めるということであった．

このことは，本章で取り上げる土地利用方式においても，すでに定式化されてきた①「地力再生産」と②「雑草防除体系」という基準だけでなく，③「資源使用抑制」ならびに④「予防的措置を含む環境負荷抑制」という新基準をさらに組み込むことを要請する．今日の土地利用方式の革新には，こうした諸点を組み込んだ自然制御

表2-2　同一重量当たり米価と牛肉価格の比較（日本）

	A米価	B牛肉価格	AとBの相対比
	（60kg当たり）	（60kg当たり）	
1889	2.22	〈8.86〉	〈4.0〉
1907〜1911	6.08	34.45	5.67
1912〜16	6.83	30.43	4.46
17〜21	13.62	67.9	4.99
22〜26	14.92	74.77	5.01
27〜31	11.38	64.37	5.66
32〜36	10.2	68.16	6.68
37〜40	14.49	96.24	6.64
1950〜54	4,672	15,523	3.32
55〜59	4,721	16,336	3.46
60〜64	5,047	21,955	4.35
65〜69	7,754	39,435	5.09
70〜74	10,336	64,074	6.20
75〜79	16,772	109,226	6.51
80〜84	17,911	112,645	6.29
85〜89	17,563	118,674	6.76
90〜94	16,589	119,750	7.22
95〜99	16,028	106,827	6.67
2000〜04	14,914	99,744	6.69
05〜09	12,994	115,661	8.90
10〜13	12,992	112,789	8.68

資料：①1940年までは梶井功　1959. 飼料構造と畜産経済の分析　近藤康男編　牧野の研究　東京大学出版会，東京：105、②1950〜1975年は「農産物の農家販売価格」加用信文監修　改訂日本農業基礎統計　農政調査委員会農家販売価格」加用信文監修　改訂日本農業基礎統計　農政調査委員会編　農林統計協会刊、1977、③1979〜1999年はポケット農林水産統計各年、④2000年以降は「農業物価統計」．

注：1) 資料①の米価は深川中米相場、牛肉価格は卸売全国平均．〈　〉は生体10貫当たり．2) 資料②は資料制約から自由売り白米1等を採用（1965〜74年の米玄米3等と白米1等の同量平均は96.7：100で同水準）．

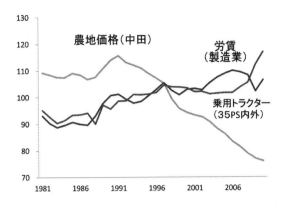

図8 生産要素価格の推移
資料：全国農業会議所「田畑売買価格等に関する調査結果」及び厚生労働省「毎月勤労統計調査年報」，農林水産省「農業物価統計」より千田雅之氏が作成したものに一部加筆.

能力の新たな展開が要請されている．

さらに第6に，近年の国内の生産要素（資源）の相対価格の変化が，経営の要素調達に影響を与える点である．図8によって農地・機械・労働の相対価格を比較してみると，近年，その相対関係は，労賃の大幅な伸び＞機械価格（トラクタ）の伸び＞農地価格の下落の動向となっており，とくに2000年代の半ばからの労賃の伸びが大きいことが分かる．相対価格が下がる農地を活用し，⑤「労働力の再生産」基準を組み込んで伸びる労賃支払いを続ける経営対応が一層重要になってきているのである．

5）検討課題

以下では，経営耕地規模拡大型・労働節約型の対応策に焦点を当てて検討していくが，その主要課題は次の2点である．第1は，土地利用方式の革新が前項で指摘した現代的5要件（地力再生産・雑草防除体系・資源使用抑制・環境負荷抑制・労働力再生産，順不同）をクリアできるかどうか，第2は，土地利用方式の革新を通じて，食生活や需要の変化を見据えて「稲作の独往性」を克服する可能性があるかどうかである．具体的には，高度に機械化した作業体系の形成によって水田作を規模拡大した3つの事例を取り上げ，土壌への働きかけ方や作付体系

を革新する諸契機の所在を検討していく．

3. 土地利用方式革新事例の分析

1) 事例の概要

表3は事例経営の営農概要を示したものである．T農場（鳥取県八頭町），F農

表3 3農場の営農概要

	T農場	F農場	M農場
所在地	鳥取県八頭町	秋田県北秋田市	岩手県花巻市
企業形態	（有）1996～	（有）1997～	2005～
基盤条件	中間（平均20a）	中間（平均30a）	中間（平均30a）
経営面積	107.6ha	58.1ha	73ha
労働力	役員4名、従業員9名パート10名、	役員2名、従業員4名	家族4名、期間雇1名
機械設備	トラクタ12台（130ps） プラウ2・レーザーレベラー スタブルカルチベータ2 バーチカルハロー2 ハローパッカー、ディスクハロー、バキュームシーダー 田植機1・コンバイン3 マニュアスプレッダ（自走） 乾燥機 計367石 色彩選別機、バックホー	トラクタ3台（110ps） プラウ2・レーザーレベラー スタブルカルチベータ バーチカルハロー2 グレインドリル（借） 田植機1・コンバイン1 マニュアスプレッダ（牽引） 乾燥機 計180石 色彩選別機、バックホー	トラクタ8台（120ps） プラウ2・レーザーレベラー スタブルカルチベータ バーチカルハロー2 グレインドリル2、バキュームシーダー 田植機1・コンバイン1 マニュアスプレッダ（牽引） 乾燥機 計288石 バックホー
部門構成 （単位：ha）	主食用米43.8(乾直5)・醸造用米40.3(乾直3.5)・モチ米3.5・加工用米7.1・他米3.4・大豆1・黒大豆1・小豆0.5・飼トウモロコシ・ソルゴー6.9・白ねぎ2.3・他野菜0.4	主食用米水稲41.82（うち乾直7.5・無代かき2.5）・飼料用米7枚豆1.1	主食用米24(乾直12)・飼料米3・小麦38.4・大豆6・実取りトウモロコシ4.4
販売対応	白米販売：関東小売店・レストラン5割(2.2万円/俵)、地元小売店4割(300円/kg)、個人宅配1割(600円/kg)、ねぎ等商品開発販売を地元企業と連携	独自ブランド登録・営業担当者（東京在）、白米販売：作付前契約、飲食店7割2.2万円/俵、個人3割2.52万円/俵（無農薬4.2万円/俵、少量）、みそ等	玄米販売：地元卸に95%（関西販売、JAの500～千円高）、JAに5%、無化肥・少農薬2ha分1.5万円契約、小麦50%地元パン屋と連携
作付体系 （単位：ha）	1年1作 野菜は連作せず、田畑輪換畑等へ	1年1作	1年1作 水稲連作24、小麦連作31、大豆連作4.8、小麦一大豆1.2、大豆一小麦7.4、大豆ートウモロコシ2.2、トウモロコシ連作2.2
導入技術	深耕、堆肥連年施用 特別栽培米（エコファーマー） 乾田直播、実取りトウモロコシ	深耕、堆肥連年施用 特別栽培米、乾田直播、側条施肥	深耕、堆肥連年施用 特別栽培米、乾田直播省力と環境の両方追求。 実取りトウモロコシ
経営間 連携	①肉牛経営から堆肥購入（500円/2t）②作業受委託③ねぎ酢の共同開発事業	①育苗作業の委託②養豚経営から堆肥（運賃程度）③みそ加工委託	①地元養鶏経営、肥育牛経営、養豚経営から堆厩肥（運賃程度）、トウモロコシ共同開発、②地元パン屋と農商工連携事業

資料：筆者の聞き取り調査結果．

場（秋田県北秋田市），M農場（岩手県花巻市）のいずれも有限会社法人格を有する（以下，T・F・Mと略記する）．同表により次の5点を指摘したい．

　第1は立地特性で，各事例とも，河川下流域の稲作中核地帯でもなく稲作の限界地帯でもなく，中間地帯というべきところに立地していることである．この3事例は，土地利用方式の革新につながる可能性を探るという筆者の合目的な意図に沿って選定したものである．その結果としての偶然も否定できないが，のちに明らかになるように，その中間地帯としての生態均衡系[20]が事例経営の展開や選択に陰に陽に影響を与えることをむしろその存立条件を示すものとして積極的に捉えていくべきである．つまり，そこは水田基盤がある程度拡がっていて農民経営の分化・分解状況によっては規模拡大条件が整いやすく，かつ緩傾斜の土地などもあるため稲作以外の作目立地に優れた面や近傍に畜産経営があれば耕畜連携に取り組む可能性もある．それは，米の収量水準は高いが米以外の選択幅が狭い稲作中核地帯とも稲作立地自体が問われやすい限界地帯とも違う条件にある．

　第2は水稲単作経営とは大きく異なる機械装備体系である．100ps超のトラクタ，反転耕プラウ，高度均平レーザーレベラ，畑田耕起スタブルカルチ，汎用播種機などは水稲，畑作物全般に対応でき，かつバックホーなど畦畔撤去等の簡易圃場整備も可能な装備である．こうした装備は，各事例とも，短期間でにわかに形成したものではない．いずれも，長年の米の生産調整政策等の中で自らの経営展開や地域対応の必要から，麦，大豆，飼料の生産に取り組む中からこれを駆使する体制を築き上げてきたものである．

　第3は，実需者・消費者への販売直結や有利販売を追求していることである．それには2つのタイプがある．1つは，雇用労働力を活用してブランド化を推進するタイプである．Tは，白米・醸造米・ねぎ・豆類等を作って周年的に直売すると同時に，他業態とも連携して六次産業化を進める．Fは，ブランド登録した白米を営業担当者（東京在住）がミソ等ともに飲食店・消費者と作付前契約して周年販売する体制を整えている．もう1つは，家族労働力中心に特定卸と連携した有利販売を展開するタイプである．Mは，玄米販売を基本に小麦の有利・契約販売に取り組む．

　第4は，経営展開過程については紙幅から表示を省略したが，いずれの事例も

地域周辺からの要請に応えて年々規模拡大が進展する中で，多様な新需要にも対応する部門構成をとっていることである．Tは実取りトウモロコシやソルガムなど，Fは飼料用米や米の乾田直播・無代かき等，Mは大規模な米の乾田直播，飼料米や大豆，実取りトウモロコシなど，いずれも耕畜連携の新需要対応に取り組んでいる．

第5は，いずれも1年1作地帯にあるが，作付体系が変化しつつあることである．Tは米中心だがネギ等の野菜作は連作せずに田畑輪換機能を活用し，Fは米中心だが，乾田直播，無代掻き，飼料用米にもチャレンジし，Mは水稲，小麦は連作が多いが，畑地化した圃場では小麦・大豆・トウモロコシの輪作にも取り組む．導入技術は，深耕・堆肥・特別栽培米，少量の有機米栽培，乾田直播などで共通するが，TとMが実取りトウモロコシに取り組んでいるのも興味深い．また，経営間連携は，畜産農家との生産面での耕畜連携に加えて加工販売面での連携に取り組んでいることが共通する．

2) 耕畜連携で支える土づくり

以上のことを念頭に，表4によって3農場の土づくりの概要をみると，次の3点が指摘できる．

第1は，いずれも秋口から，プラウ耕（反転深耕）やスタブルカルチ耕で作物に必要な耕深の耕起・整地を実施し，同時にTは牛糞堆肥・自家製米ぬかボカシ，Fは豚プン堆肥，Mは水稲が鶏糞，小麦・大豆が牛糞，トウモロコシが豚プン堆肥等，多量の有機物還元と結合させて，土づくりの骨格を作っている点である．この秋作業から始める土づくりの体系は，有機物投入の促進を可能にするものである一方，面積拡大にも対応するもので，作付作物や素材などで個性的だが，田畑地目に本質的な区別なく，土壌をほぐし養う土づくりが追究されている点に注目される．

第2は，この土づくりを基礎に，冷害や高温など異常条件にも強いしっかりした根や株を持つ作物を作り，作物本来の食味を消費者に訴求して商品評価を獲得し，価値実現を追求するとしている点である．土づくりを基本とする農業の実践により，T氏は，「①根や株ががっちりと安定した『強い作物』が育つ，②作物が本来持っている食味と滋養を引き出す，③梅雨を越しても食味が落ちず，長持ち

する」，F 氏は，「①肥料切れを起こさず，生育安定する，②食味が安定する，③10月から次年作業をスタートさせるので，春4月中旬から集中する繁忙期の仕事効率を高め，安定させる」，M 氏は，「①プラウ耕で土が乾かし乾直水稲の好適条件が作れる，②移植水稲は下層土を均一にし，代かきで保水できる，③畑作時プラウ耕は天地返し・雑草抑制（多石礫土壌でロータリー耕をしないのはツメを壊さないようにしているから）」と語る．そして3農場主とも口をそろえて指摘するのは，冷害時に周辺よりも良質のものが2，3俵多く安定して獲れ，それが消費者や業者との信頼形成につながってきたこと，その土づくりの安定確収効果は昨今の地球温暖化を背景とする高温条件でも有効だという実感があるということである．

第 3 は，こうした健全な土，健全な作物を作るための有機物還元が，経営内作物残渣の有効利用に加えて近傍の畜産経営との耕畜連携によるところが大きくな

表4　3農場における土づくりの概要

	T農場 （鳥取県八頭町）	F農場 （秋田県北秋田市）	M農場（岩手県花巻市）
耕起・整地	秋の収穫直後から耕起と土づくり開始 プラウ-レベラー堆肥 70% プラウ-スタブルカルチ-レベラー堆肥 30%	秋の収穫直後から耕起と土づくり開始 プラウ-レベラー堆肥 25%（10ha） 堆肥-スタブルカルチベータ 75%（40ha）	秋の収穫直後から耕起と土づくり開始 乾直水稲：プラウ-レベラー-堆肥・バーチカル 移植・湛直：堆肥・スタブルカルチ-代かきハロー 畑作全般：プラウ-レベラー-堆肥・バーチカル
耕深	通常25〜30cm（30〜40cmも）	通常20〜25cm	通常18〜20cm（実取りトウモロコシ35〜40cm）
施肥（10a）	牛糞堆肥2〜3t，自家製米ぬかボカシ40〜50kg コシヒカリは有機ペレット（574）20〜30kg，無追肥	堆肥（豚プン200〜400kg（N6.4〜12.8kg） 側条施肥50〜55kg，無追肥	水稲：鶏糞堆肥100，元肥化成50，追肥20（kg） 小麦・大豆：牛糞堆肥2t，トウモロコシ：豚糞堆肥6t
考え方	生命力のある土を作り作物を作る	米作るより田を作り根を作る（田植えしてからが楽）	深耕で根を強くし，天候不順でも作物生育安定
良い土壌づくりには	5年かかる	5年くらい（手抜きしてはダメ）	3〜5年かかる
効果	①根や株ががっちりと安定した「強い作物」が育つ，②作物が本来持っている食味と滋養を引き出す，③梅雨を越しても食味が落ちず，長持ちする	①肥料切れを起こさず，生育安定，②食味安定，③10月から次年作業をスタートさせるので，春4月中旬から集中する繁忙期の仕事効率を高め，安定させる	①プラウ耕で土が乾かし乾直水稲の好適条件に，②移植水稲は下層土を均一にし，代かきで保水，③畑作時プラウ耕は天地返し・雑草抑制（多石礫土壌でロータリー耕しないのはツメ壊さないよう）

資料：筆者の聞き取り調査結果．

ってきたという点である.

　Tと連携するTn農場は, 10kmほど上流域, 車で20分ほどのところにある. 同氏は, 県の販売会金賞受賞常連の年間約90頭をキロ2千円で出荷する肥育和牛農家（常雇男1＋パート女1）で, 高級和牛の全国チェーン店Mに生産流通組合を通じて参加し, 高評価を得ている. また, 両経営主は全寮制農高時代からの親友で, 同農高ではともに「環境に負けずにワクワク感をもってチャレンジする精神」を学び, お互いを誇りに思っている. Tn農場は, 母牛約60頭と肥育素牛30～40頭（夏期半年間, 育成牧場に30頭程度預託）から出る堆厩肥（敷料は子牛T農場の稲ワラ, 他オガ屑, 2週1回切り返し, 屋根付き堆肥舎で仕上げ）を, 年間2トンダンプで約500台の全量をTの圃場に運搬する（決まった価格はない）.

　Fと連携するMr牧場は, 市内約15km, 車で20～30分ほどのところにある. 同社は従業員数34, 5名ほどで総頭数約2万5千頭飼育する企業養豚で, 同グループは近年, 農林水産祭で豚肉生産の衛生管理, 品質管理, 先端技術応用による6次産業化などが評価され天皇杯を受賞するなど高評価を得ている. 豚プンは堆肥にした後周辺農家に供給されるが, 野菜農家や一般農家が低需要になりやすい秋冬期にFなどの大規模な堆肥需要の発生は養豚経営にとってもありがたく, 4トンダンプ1台で約4千円と運賃程度で入手できている.

　Mと連携する（株）T社の豚舎はMから2～3kmの至近距離にあるが, 連携は2013年にM氏など耕種農家からの「水田で作ったトウモロコシの利用」の申し出があってから始まった. 申し出にT社長は「面白い」と行動を起こした. 理由は, ①同社は非遺伝子組換トウモロコシを使った銘柄豚生産をしていたが, 国際価格の上昇で飼料確保に不安が出てきたこと, ②銘柄豚生産のリスクの一つは「飼料原料の変更」にあるからトウモロコシ利用の継続を考えていたが, 氏素性の知れた新鮮な飼料原料が地域内で得られるのは魅力で, かつ"国産飼料の利用"も消費者に訴求できること, ③トウモロコシは, その高品種改良スピード, 低土地偏向性（同一気象条件でも土地を選ぶ性質が低い）, 1粒生産力が稲, 小麦, 大豆などの10倍から数百倍に及ぶ驚異的な高さにあること, 栽培技術進歩の高スピード, 肥料分収奪作物のため糞尿処理に適し生堆肥への高リスポンス, 除草・防除の低負担などが明らかになりつつあり, 「トウモロコシの水田・畑地立地作

物としての競争力に魅力があり，とくに畜産の近くで作るのは理に適っている」と考えたことなどからである[21].

　以上のように，3事例の具体的な取り組みは多様であるが，耕畜の連携を深める方向は共通している．

3）事例経営の"効率性"と"安定性"

　ところで，1999年に制定された食料・農業・農村基本法では，農業経営が達成すべき基準を"効率的かつ安定的"として示した．だが，現実に進んでいるのは，効率的経営が達成されても安定的経営になるとは限らない[22]という事態である．稲作生産の技術的な「最小適正規模」は「15haかそれ以上」になっているのに，後継者確保の必要条件を1人あたり家族労働報酬が製造業平均賃金450万円として算定した「最小必要規模」には，15ha以上経営でも及ばない．要するに最適効率の家族経営であっても世代継承が成り立たず，一方的に規模拡大が強いられる市場状態に至っているというわけである[23]．

　こうしたことを念頭に，事例の経営成果に現れた諸指標を検討していこう．その"効率性"の一端をみるため，まず，経営の技術的な効率を反映すると期待される①「投下労働1時間当たり収量」に注目する．また，経営の効率はその技術的効率にさらに投入費用削減等が加わって生産費用（物材費＋労働費）の高低として現象するから，②労働評価（賃率）を生産費調査水準で算定した「60kg当たり生産費用」に注目する．しかし，生産費の高低は労働評価（賃率）によっても大きく左右される．そこで，仮に1時間当たり労働評価（賃率）を全国生産費調査結果の2倍にした③「労働評価2倍（60kg当たり）生産費用」を算定する．次にその"安定性"の一端をみるため，まず，④「投下労働1時間当たり収益（純生産額）」に注目する．また，経営の安定性はその販売力，販売管理労働と相まってもたらされると考えられるから，販売管理労働時間を加えて⑤「生産販売労働1時間当たり収益（純生産額）」を算定する．

　以上のような要領で"労働"を軸として事例経営における米生産部門の効率性と安定性にかかわる指標を全国15ha以上層の数値と比較してみたのが表5である．これによると事例経営で際立っているのは，第1には，投下労働当たり収益（④）が全国15ha以上層の約2.5倍～2.7倍，生産販売労働当たり収益（⑤）が

約1.9倍〜2.2倍という高収益性を実現していることである．第2には，その実現には二つのタイプがあるということである．その一つは，収量がさほど高くない（とくにTは品質と倒伏を意識して収量を抑制している）のに平均的販売単価の高さをテコに高収益を実現しているTとFであり，もう一つは乾田直播技術の導入・確立したMで，これにより10a当たり5時間台の超省力的労働投入で投下労働当たり約2.4倍の収量（①）と2.49倍の収益（④）を同時に実現している．第3には，事例経営の実際行動を加味した評価を試みると，生産費用上の有利性はほぼなくなるが，収益的には依然安定的と言ってよいことである．すなわち事例経営では販売管理を通じて収益実現を図り，自家労働力を含む正社員等への恒常的な給与と福利厚生等諸支払いを実現しているのであるから，販売管理労働時間を加え，労働評価を仮に2倍（全国15ha以上層1時間当たり1,528円×2）として試算すると，生産費用（③）は全国平均近くまで減殺され，収益（⑤）は下がるものの，なお2倍前後の有利性を保持する．

このように表5に現れた事例経営の最も顕著な特徴はその"高収益性"にある．Tは長男・次男の2名，Fは次男1名，Mは長女・長男の2名と，いずれも後継者

表5 米に現れた労働の"効率性"と"安定性"[1)]

	T農場（移植）	F農場（移植）	M農場（乾直）	全国15ha以上(2013)
単収　　　　（kg/10a）　　1	345	510	510	538
単価　　　　（円/60kg）　　2	20,000	20,500	12,500	12,853
販売収入　　（円/10a）　3(1*2)	115,000	174,250	106,250	115,236
物財費　　　（円/10a）　　4	48,159	46,756	55,250	62,789
販売収入-物財費（純生産額，円/10a）5(3-4)	66,841	127,494	51,000	52,447
作業労働時間　（時/10a）6	7.48	12.9	5.7	14.52
①投下労働当たり収量　（収量/時）1/6	46.1	39.5	89.5	37.1
②60kg当たり生産費用（円/60kg, 1,528円/時）	10,361	7,819	7,524	9,477
③労働評価2倍生産費用（円/60kg, 3,056円/時）	12,347	10,145	8,548	9,477
④投下労働当たり収益（純生産額/時）5/6	8,936	9,883	8,947	3,612
⑤生産販売労働当たり収益（純生産額/時）注：2	6,876	7,059	7,671	3,587
＜対全国15ha以上との比較＞				
①' 投下労働当たり収量	1.24	1.06	2.41	1.00
②' 60kg当たり生産費用	1.09	0.83	0.79	1.00
③' 労働評価2倍生産費用	1.30	1.07	0.90	1.00
④' 投下労働当たり収益（純生産額）	2.47	2.73	2.48	1.00
⑤' 生産販売労働当たり収益（純生産額）	1.90	1.97	2.15	1.00

資料：事例聞き取り調査、生産費調査結果、費用合計（物財費＋労働費）．
注：1．各農場とも平均的な数値の聞き取り結果、1,528円/時は全国15ha以上数値．
　　2．販売管理労働は生産労働のT30%、F40%、M15%として算定した．

を確保し，経営の右腕(専務)や部門をまかせられる中心者として成長している．また，日常の労働は，3経営とも機械力をふんだんに活用した効率的で規律あるもので，定時出勤・定時退社を実現した．こうした後継世代の安定的就農は収益的な基礎なくしては成り立たない．その意味で，高収益性は経営の「労働力の再生産」を支え，継続的安定（going concern）の必要条件の屋台骨をなしていると言ってよい．

その高収益性を打ち出し続けるには，積極的なマーケティング，販売活動の展開とともに，生産の"高効率性"を保ち続ける必要がある．事例経営では，T農場，F農場のブランド戦略と販売管理労働の展開（作業労働時間にT約30％，F約40％追加投入）による高単価の実現，および高度機械化をテコとして大規模化に対応した省力的・効率的・計画的な作業体系の実現と深耕・堆肥投入等での土づくりの両立で高い評価の商品を作りだし続けていることがそれに該当するであろう．その土地利用の仕方の現状には，作付作物のバラエティに事例によって幅があったが，いずれの事例経営も，必要とあらば畑作，野菜作，飼料作に幅広く取り組む準備ができているところに注目されるのである．

なかでもM農場の超省力的な乾田直播技術の確立は移植方式の限界を破る画期的なものである．2009～12年までの4年間は10a当たり平均611kgの高収量をあげ，これまでの直播イコール収量減という固定概念を打破した．当該年の2013年は直播圃場の移設拡大にチャレンジして地域の移植並みに収量を落とした年であったが，本章ではあえて同年の数値を使ってなお維持できるその高効率性・高収益性を表現した．また，「直播の米はコメ本来の力強い味がある」という実需者からの高評価も得ており，今後の可能性が広がってきた．さらにT農場，F農場も，同様の直播様式に取り組み始め，水田農地が周辺から集まり続ける中で，追加的規模拡大への対応技術としても威力を発揮しつつある．

以上のように，先端的な水田作農業経営の行動をみると，安定的高収益の追求と実現を基本要件としつつ，それに向かって技術的・経営的な革新を続け，家族ビジネスとしての特色を色濃く持ちながら，いまや旧来の家族労作経営とは別次元に到達しつつあると言ってよい．

4. 土地利用方式の革新事例から示唆されるもの

1) 事例が示唆する要約と総括

　以上の事例が示唆するものは，さしあたり次の3つに要約できる．第1は，「稲作の独往性」を乗り越えるには水田の汎用化だけではなく，機械，作業，土づくりなど一連の汎用化と技術的優位性を価値実現に結びつける経営の考え方等が総合的に機能して初めて，稲単作の独往的土地利用方式の改変の基盤条件ができてくるという点である．

　第2は，その中心をなす「良い土壌」の形成技術（後述）は，今日では，農家の労作によってではなく，大規模経営群が高度機械化と耕畜連携をテコとして切り拓き得る状況に至っているという点である．

　第3は，本章ではそのような現象の中間地域での先行的な立地を確認したのだが，そのことは通底する諸条件を整備・拡充していけば，他地域でも起動させ得るであろうという示唆を与えるという点である．

　図9は，事例経営の観察から読み取れるものを総括的に整理したものである．総括の要点は次の3つである．第1に，①資源調達から②その稼働を経て，③生産物，労働力再生産，地力再生産，雑草防除，資源使用抑制，環境負荷抑制という諸成果を上げるという＜生産過程＞における「成果1」である．＜販売・消費過程＞においては，第2に，その商品それ自体だけでなく，生産者，作り方，生産地の適切な情報を鮮明に分かりやすく発信して消費者に届けるという「成果2」で

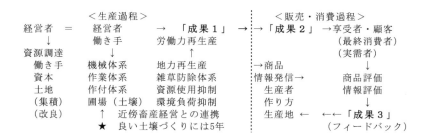

図9　土地利用方式の革新事例の総括図

ある．第3に，それらの享受者・顧客である最終消費者・実需者がそれらの商品と情報を享受して評価し，その声を生産地にフィードバックする「成果3」である．ここで「成果」と表現したのは，それぞれのポイントでより良い取り組みによって良好な成果をあげ，フィードバック・ループが発展的に循環してさらに良い成果をあげていくことを想定したからである[24]．

2）土地利用方式革新の条件づくり

　以上の事例経営は先進的な存在であり，まだ，広範な地域に数多く生まれているわけではない．そこで問われるのは，こうした経営がさらに土地利用方式の革新を前進させ，相通じる近似的な動きが他地域にも広がっていくにはどのような条件づくりが必要なのかという点である．

　以上の検討から次の2点が指摘できる．第1は，事例経営の出現・発展には，その並み優れた経営主体的条件とともに，中間地帯としての生態均衡系という客体的条件，さらには図8に示したように最終消費者や実需者などの享受者の評価や意向が深くかかわっていることである．土地利用方式（農法）の革新とは，そのような主体・客体を合わせた諸条件を包括的・総合的に大きく改変していくことなのである．それゆえ，そうした認識を欠いたまま，超大規模，超高効率など特定の目標や姿を強く押し出すだけのスローガン先行型の提案や，全体像を持たない部分技術売り込み型などのアプローチは有効性が乏しいばかりか，現場で格闘している人たちのやる気をそぎかねない．このため第2は，先行事例の総括（図8）に述べた＜生産過程＞と＜販売・消費過程＞の3つの成果ポイントと全体のフィードバック・ループをさらに拡充していくかたちで条件づくりを進めていくことが重要になる．そのためには，生産サイドと消費サイドの実践的協働のプロセスを中心に据えて，そこに研究・教育・普及・行政の立場の者たちが参画し，その解析から条件拡充までの実践的協働の水準を飛躍的に上げていく進め方が求められてくるのである．

3）土地利用方式の革新を促進する政策・制度づくり

　土地利用方式の革新を促進する政策・制度づくりは広範に及ぶと考えられるが，稿を閉じるにあたって，その一端を事例経営の実践の基礎にあった「良い土壌づくり」に焦点を当てて述べておきたい．良い土壌づくりには，異口同音に「5年

ほどかかる」(表 4, 図 8) と言う. だが, 市場はその行為を直接に評価できない. 商品を通じて間接的に評価するとはいっても, その全体を評価することはできない.

T 氏の事例を引いてやや具体的に見よう. 氏は新たな土地を借りるたび, 石礫を除去し, 明渠や土層改良, 有機物投入などで「良い土壌」をつくる. この 5 年間に及ぶ「土地磨き投資」には, 公・共・私の面が結びついている. 1 つは, 良い農産物商品を作り, 「10a 当たり 20～30 万円程度の付加価値を引っ張り出す力 (収益力) を付ける私的な利益目的」(T 氏) で行われる. 2 つは, この営農的土地改良は, 単年度の私的利益をもたらすだけでなく, 貸地者の地域農地を改良して「良い土壌」に作り替え, 共的な利益実現にもつながる. 3 つは, そのことを通じて社会的共通資本 [25] としての農地土壌を価値向上させる公的な利益をももたらすものである.

こうした「土地磨き投資」を一層推進していくには, 事例のような並外れた優秀経営の増加や実行に期待するだけでは不十分である. それだけではなく, ①土壌の診断調査, ②石礫除去, ③小規模土地改良などの一部を公的負担して公・共・私ミックス形成を支援し, 社会的共通資本の保全・改良に貢献すべきことには正統な根拠があるというべきであろう.

注

1) 七戸長生　1986. 日本農業の経営問題　北海道大学出版会, 札幌. 13—58.
2) 置塩信雄　2004. 経済学と現代の諸問題　大月書店, 東京. 51—89. 同　1986. 現代資本主義と経済学　岩波書店, 東京.
3) 相川哲夫　2007. 訳者解題　アルブレヒト・テーア　合理的農業の原理　上巻 (原著 1809—12). 農山漁村文化協会, 東京. 17—33. 相川は, 農法論の主要な業績として岩片磯雄 1951. 有畜経営論, 飯沼二郎　1957. 農学成立史の研究, 熊代幸雄　1969. 比較農法論, 西山武一　1969. アジア的農法と日本社会, 加用信文　1969. 日本農法論などをあげ, その主要な研究系譜を後付けている.
4) 梶井功　2011. 農法の展開過程　梶井功編著「農」を論ず ―日本農業の再生を求めて―, 農林統計協会, 東京. 43—68.
5) 山田龍雄　1975. 近世小農民自立の農法的基礎 ―偏肥農法の端緒― 農法研究会編　農法展開の論理　御茶ノ水書房, 東京. 3—24.
6) 加用信文　同上書　御茶ノ水書房, 東京. 8—29.

7)fao.or.jp/WSFS-kadai/WSFSissues_1.pdf
8)http://www.kantei.go.jp/jp/singi/keizaisaisei/bunka/dai3/siryou. 原資料は農林水産省食料需給表各年.
9)http://www.ipss.go.jp/syoushika/tohkei/Mainmenu.asp. 国立社会保障人口問題研究所日本の将来推計人口.
10)米穀安定供給確保支援機構情報部　2015．米に関する調査レポート　1－20．
11)同資料　20．出典は，アメリカ穀物協会　2012．東アジアの食と農の未来．
12)高嶋光雪　1979．アメリカ小麦戦略—日本侵攻　家の光協会, 東京．鈴木猛夫　2003．「アメリカ小麦戦略」と日本人の食生活　藤原書店, 東京．
13)金澤夏樹　1971．稲作農業の論理　東京大学出版会, 東京：32．
14)柴田明夫　2007．食料争奪—日本の食が世界から取り残される日　日本経済新聞出版社, 東京．
15)柴田明夫　2012．穀物価格高騰の背景と行方‥日本農業の課題　経済研究所セミナー議事録．http://www.rieti.go.jp/jp/events/bbl/12100401.html
16)吉田行郷　2010．小麦の需要変化や国際価格高騰の影響を踏まえた国内産小麦の需要拡大の可能性, 農林水産政策研究　17:59－72．同　2015．主産地毎にみた近年の国内産小麦に対する需要の変化と需要拡大に向けた新たな動き, Primaff Review 63．
17)佐藤孝一　2011．国産大豆の流通・消費動向と利用拡大に向けた課題, Primaff Review 45．
18)編集部　2015．国産穀物の可能性を考える, 養豚界, 東京．2015．6:19－36．
19)梶井功　1959．飼料構造と畜産経済の分析　近藤康男編　牧野の研究　東京大学出版会, 東京:93－132．
20)嵐嘉一　近世稲作技術史　—その立地生態的解析—　1975．農山漁村文化協会, 東京．11－20．
21)竹下達夫　2013．国産の飼料用トウモロコシを作ろう, 農業経営者　2013.5 http://agri-biz.jp/item/detail/7715．養豚界（上掲）．
22)梶井功　2006．近ごろ, 思っていること, 農業経済研究78．2:71－75．
23)新山陽子　2014．「家族経営」「企業経営」の概念と農業経営の持続条件, 農業と経済　昭和堂, 京都．2014．9:5－16．
24)以上は，各事例経営の聞き取り調査結果に基づく．今後, 労働力再生産, 地力再生産, 雑草防除体系, 資源使用抑制など土地利用方式の現代的諸要件のさらに具体的な把握が課題である．
25)宇沢弘文　2000．社会的共通資本, 岩波書店, 東京．

第4章
畜産と土壌を結ぶ物質循環の重要性

森　昭憲
国立研究開発法人　農業・食品産業技術総合研究機構畜産研究部門

1. はじめに

　牛乳・乳製品，食肉，鶏卵などは，タンパク質，ビタミン，ミネラルなどの大切な供給源であり，豊かな食生活に欠かせない．日本人のタンパク質摂取量に占める畜産物の割合は，所得増加や食生活の洋風化により，1960 から 2000 年の 40 年間に 10 から 33％まで増加し，2013 年には 36％に達した．

　家族経営を基礎に，小規模分散型で営まれていた畜産業は，旧農業基本法（1961 年）の選択的拡大作目に位置付けられ，近代的な経営により生産性が飛躍的に向上した．その一方，飼料生産基盤に制約がある中，飼料輸入を前提に規模拡大が図られた結果，輸入飼料から家畜ふん尿に移行した養分が農地の面積に対して過剰となり，家畜ふん尿による環境負荷の低減が課題となった．近年では，輸入飼料の価格高騰への対応が新たな課題となっている．

　これらの問題を解決するには，家畜ふん尿や食品廃棄物のリサイクルを促進し，化学肥料と輸入飼料を削減することが重要である．また，遊休農地を飼料生産に活用し，物質循環に立脚した畜産業を再構築する耕畜連携の取組を発展させることは，農村社会を維持する上でも大切である．

　本稿は，畜産業の規模拡大の歩みを振り返り，家畜と環境を巡る物質循環の特徴，資源循環型の畜産業を担う技術を概説し，畜産と土壌を結ぶ物質循環の重要

性を述べる．

2．畜産業の規模拡大

1960から2000年の40年間に，人口は0.93から1.27億人に増え，食生活の洋風化により，畜産物からのタンパク質供給量は，牛乳・乳製品が1.8から8.3 g/日/人，肉類が2.8から14.4 g/日/人，鶏卵が2.2から5.7 g/日/人に増加した（図4.1）．このような背景の下，同期間における畜産物の生産量は，牛乳・乳製品が194から841万トン/年（4.3倍），肉類が58から298万トン/年（5.1倍），鶏卵が70から254万トン/年（3.6倍）に増えた．なお，2013年の生産量は，牛乳・乳製品が745万トン/年，肉類が328万トン/年，鶏卵が252万トン/年である．

その一方，同期間における家畜の飼養戸数は，乳用牛が41から3.4万戸，肉用牛が203から12万戸，豚が80から1.2万戸，採卵鶏が384から0.5万戸に減少し，農家1戸当たりの飼養頭羽数は，乳用牛が2.0から53頭/戸（26倍），肉用牛が1.2から24頭/戸（20倍），豚が2.4から838頭/戸（349倍），採卵鶏が14から28704羽/戸（2050倍）へと増加し，畜産経営の大規模化が進んだ（図4.2）．

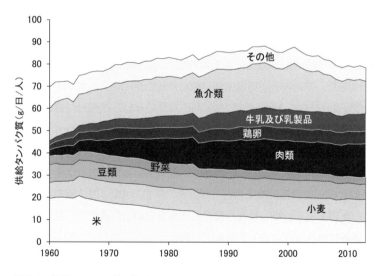

図4.1　供給タンパク質の推移　　出典：農林水産省, 2015a, 食料需給表から作成

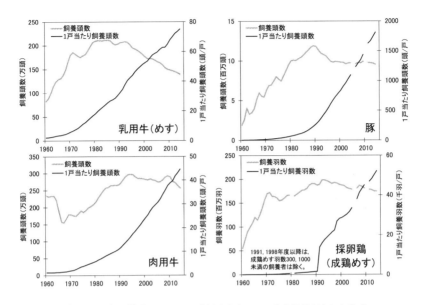

図 4.2 飼養頭羽数の推移　　出典：農林水産省，2014，畜産統計調査から作成

3. 飼料自給率の低下

　畜産業の規模拡大は，おもに輸入飼料に支えられ，1965から1980年のわずか15年間に輸入飼料は，可消化養分総量（Total Digestible Nutrients, TDN）換算で，493から1499 TDN万トン/年（3.0倍）に増えたが，飼養頭数の増加に応じた飼料増産は進まなかった（図4.3）．同期間における飼料自給率は，55から28％に半減，このうち濃厚飼料（国産原料）の自給率は，31から10％まで減少し，デントコーンなどの輸入に伴う海外農地への依存度が急速に高まった．なお，2013年の濃厚飼料（国産原料）の自給率は12％である．

　その一方，同期間における粗飼料の供給量は，448から518 TDN万トン/年で，9割以上が自給されていた．旧農業基本法（1961年）で，草地開発が進められ，牧草地の面積は，同期間に14から58万haに増加した（図4.4）．この間に，野草地や水田の面積が減少し，野草や稲わらなどが栄養価の高い牧草で置換されたと推察される．なお，2013年の粗飼料の自給率は77％である．

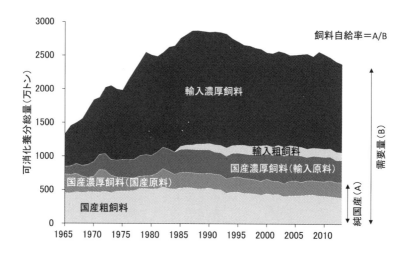

図 4.3　飼料需要量の推移　　出典：農林水産省, 2015a, 食料需給表から作成

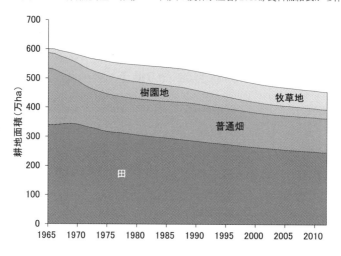

図 4.4　耕地面積の推移　　出典：農林水産省, 2015b, 耕地及び作付面積統計から作成

4. 畜産業に由来する環境負荷

　家畜ふん尿は，有機物と作物に必要な養分を含むため，土壌の物理・化学・生

物的な性質を良好に維持する上で欠かせない．しかし，養分収支から見て，畜産農家の経営内農地に還元できる家畜ふん尿の量には上限値がある．比較的収量が高いトウモロコシ（夏作）とエンバク（冬作），あるいは，ソルガム（夏作）とエンバク（冬作）を組合せた場合，これらの飼料作物による年間の窒素吸収量は，約 400 kg/ha/年であることから，飼養密度の上限は，搾乳牛で 3.5 頭/ha/年と試算された（杉原，1999）．

　牛のふん尿に多く含まれるカリウムは，作物のマグネシウム吸収を拮抗的に抑制するとともに，作物の必要量を超えて吸収される．牛ふん尿の過剰施用で飼料中のカリウム濃度が高まると，牛の筋肉がけいれんするグラステタニー症が誘発されるとともに，排せつ物を介したカリウム循環量が増えることも懸念される．また，家畜ふん尿の過剰施用により，飼料中の硝酸態窒素濃度が上昇すると，急性中毒による呼吸困難，慢性中毒による流産や繁殖障害などが誘発される．

　畜産農家の経営内農地で過剰となった家畜ふん尿は，堆肥として耕種農家に流通させるべきであるが，堆肥は水分が多く，運搬に労費がかかるため，畜産農家に滞留しがちであった．また，耕種農家が，堆肥を使いこなすには，堆肥の分析値を基礎に，化学肥料を併用する高い技術が必要であるため，耕畜連携の遅れが助長された．さらに，家畜の飼養密度は，地域による偏りが大きく，家畜ふん尿の発生量が，耕種農家の需要量を上回る地域の存在が指摘された（神山，2007）．このような地域では，堆肥の広域流通が必要となる．

　有機物と作物に必要な養分を含む貴重な資源であったはずの家畜ふん尿は，輸入飼料の増加により，廃棄物に位置付けられ，家畜ふん尿に含まれる窒素，リンの一部は，水系や大気に漏出し環境負荷を高めた．水系に漏出した硝酸態窒素やリン，大気に揮散したアンモニアは，生態系の富栄養化や酸性化，温室効果の高い一酸化二窒素の発生量を増加させる原因となった．このような状況の下，家畜排せつ物法（1999 年）により，家畜ふん尿の野積みや素掘り浸透が禁止され，家畜排せつ物の処理施設の整備などが義務化された．

5．不安定な国際飼料価格

　世界人口の増加，穀物から肉類を中心とした食生活への変化，バイオ燃料の需

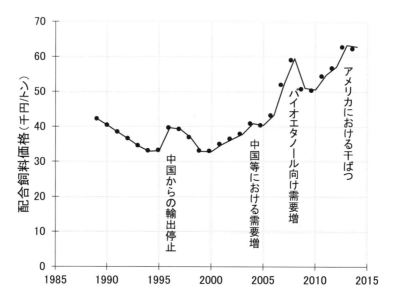

図4.5 配合飼料価格の推移　出典：配合飼料供給安定機構, 2015, 飼料月報から作成

要増に伴う穀物消費量の増加，為替レートや原油価格の変動による生産費と海上運賃の上昇，干ばつなどの異常気象に伴う大規模凶作，穀物輸出規制などの複合要因により，配合飼料の価格は不安定な状況が続いている（図4.5）．

経営費に占める飼料費の割合は，粗飼料の給与が多い牛で4から5割，濃厚飼料のみを給与する豚と鶏で6から7割を占める．飼料費値上がりによる収益減少を回避し，畜産物を安定供給する観点から見ても，国産飼料の利用や食品廃棄物の飼料化により，輸入飼料を減らす取組が大切である．

6. 家畜と環境をめぐる物質循環

(1) 日本の窒素フローから見た環境負荷

旧農業基本法（1961年）による畜産業の選択的拡大が始まる前の1960年に，家畜ふん尿・廃棄物として畜産業から排出された窒素量（17万トン/年）は，し尿・生ゴミ・雑排水として食生活から排出された窒素量（42万トン/年），窒素肥料（69

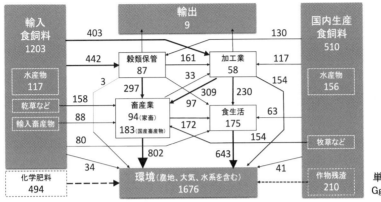

図 4.6　日本の食飼料システムにおける窒素動態（1997 年）
出典：織田, 2006 から引用

万トン/年）より少なかった（三輪・岩元, 1988）．しかし, 1997 年に，畜産業から排出された窒素量（80 万トン/年）は，食生活から排出された窒素量（64 万トン/年），窒素肥料（49 万トン/年）より多くなった（図 4.6）（織田, 2006）．

この 37 年間における窒素排出量の増加率は，畜産業（4.7 倍）が，食生活（1.5 倍）を顕著に上回り，輸入飼料から家畜ふん尿に移行した養分が，国内の物質循環に大きな影響を与え，環境負荷を高めたことが確認された．

(2) 酪農経営の窒素フロー

根釧農業試験場をモデルとした酪農経営では，窒素固定（34 %），化学肥料（32 %），購入飼料（31 %），降水（3 %）として窒素が流入し，ガス揮散（19 %），牛乳出荷（12 %），地下浸透（10 %），牛の売却・廃棄（3 %），表面流去（3 %）として窒素が流出した（甲田・寶示戸, 2000）．以上は，適切に管理された牧場における窒素フローであるが，ガス揮散，地下浸透，表面流去として環境に漏出した窒素量が，畜産物に含まれる窒素量を上回ることが確認された．

(3) 水質から見た余剰窒素量

家畜ふん尿や化学肥料などとして農耕地に流入する窒素量から作物生産などとして収奪される窒素量を差し引いて求めた農耕地の余剰窒素量は，全国平均で

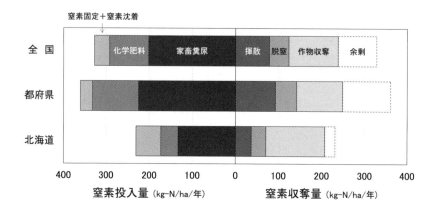

図4.7　窒素収支から求めた耕地面積当たり余剰窒素量（2001年）
出典：實示戸ら，2003から作成

90 kg-N/ha/年，都府県で112 kg-N/ha/年，北海道で23 kg-N/ha/年と推定された（図4.7）．さらに，余剰窒素量を余剰降水量（降水量－蒸発散量）で除した土壌浸透水中の窒素濃度は，全国平均で7.8 mg-N/L，都府県で8.8 mg-N/L，北海道で2.9 mg-N/Lと推定され，都道府県別に見ると30 mg-N/Lを超過する場合も指摘された（實示戸ら，2003）．

これらの値は，実際の地下水中の窒素濃度とは異なるが，耕地面積当たりの窒素負荷の指標であり，輸入飼料から家畜ふん尿に移行した窒素が，単位面積当たり窒素収支から見た環境負荷を高めたことが確認された（實示戸ら，2003）．

(4) アンモニアを介した窒素循環

国内の農業由来のアンモニア発生源は，畜産由来がほとんどを占めると推定された（図4.8）（神山，2011）．アンモニア発生量は，家畜ふん尿中の全窒素の3割，窒素肥料の4から5割に相当した．家畜ふん尿に由来するアンモニアは，畜舎内および，ふん尿の処理と散布に伴い発生する（長田，2001）．畜産起源のアンモニア発生量を国土面積で除すと，全国平均で9.6 kg-N/ha/年，都道府県別では20 kg-N/ha/年を超過する場合も指摘された（實示戸，2011）．

大気中アンモニアの平均濃度は，山間部より集約酪農地帯の中心部で高く，ふ

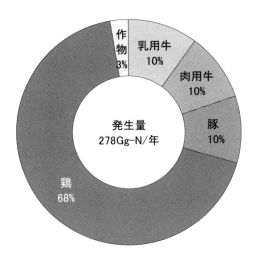

図4.8 国内の農業由来のアンモニア発生源 出典：神山, 2011から引用

ん尿の処理施設から半径1km以内では，ふん尿の処理施設からの距離が小さいほど高まった（寳示戸ら，2006b）．また，雨水によるアンモニアの湿性沈着量は，集約酪農地帯中心部で 18.5 kg-N/ha/年，山間部で 5.5 kg-N/ha/年，差分の 13 kg-N/ha/年が畜産起源と推定された（寳示戸ら，2006a）．他方，集約酪農地帯の採草地へのアンモニアの乾性沈着量は，16.5 kg-N/ha/年と報告された（Hojito et al., 2010）．

以上の結果から，集約酪農地帯で発生する家畜ふん尿に含まれる窒素の 25 % がアンモニアとして大気中に揮散したと仮定すると，アンモニア発生量の半分が，当該集約酪農地帯に再沈着（湿性＋乾性）したと推定された（図 4.9）（寳示戸，2011）．

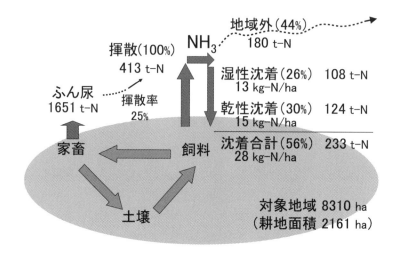

図4.9 集約酪農地帯におけるアンモニアを介した地域内の窒素循環
出典:寳示戸, 2011 から引用

(5) 採草地の温室効果ガス収支

　堆肥施用は, 土壌有機物を増加させることで, 温暖化緩和に寄与する (日本草地畜産種子協会, 2010). 化学肥料のみで牧草を生産すると, 採草地の炭素収支は負で, 草地生態系の有機物量が減少したが, 堆肥と化学肥料の併用で牧草を生産すると, 採草地の炭素収支は正となり, 草地生態系の有機物量が増加した (図4.10) (Hirata et al., 2013; Shimizu et al., 2014ab).

　堆肥施用や窒素施肥は, 収量を適切に維持するために必要不可欠であるが, 一酸化二窒素の発生量を増加させる. 一酸化二窒素は, 二酸化炭素の298倍の温室効果を持ち, オゾン層の破壊物質である (IPCC, 2007; Ravishankara et al., 2009). 採草地から発生する一酸化二窒素は, 採草地の温室効果ガス収支に, 無視し得ない影響を与えることが確認された (図 4.10) (Hirata et al., 2013; Shimizu et al., 2014ab).

　堆肥施用は, 一酸化二窒素の生成経路のひとつである脱窒を促進する側面があるが, 適切な減肥を組合せれば, 化学肥料の場合と比較し, 一酸化二窒素の発生

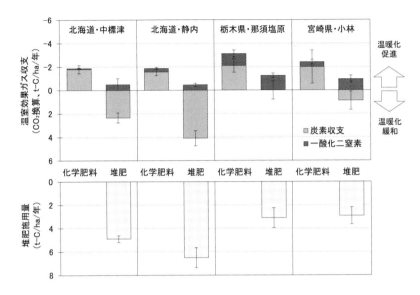

図4.10 採草地への堆肥施用による温室効果ガスの抑制効果
出典：Hirata et al., 2013から作成

量を増やさず，牧草を生産可能である（Mori and Hojito, 2012）．土壌中の無機態窒素の濃度が高まると，一酸化二窒素の発生量が増えるため（Mu et al., 2009），堆肥の分解特性と連用年数を基礎に減肥を組合せ，余剰窒素量を抑制することが，一酸化二窒素の発生量を削減する上で大切である（Shimizu et al., 2010）．

なお，二酸化炭素の25倍の温室効果を持つメタンは，酸化的な土壌中では二酸化炭素に酸化されるが，このメタン酸化機能は堆肥施用の影響を受けず，炭素収支や一酸化二窒素の発生量と比較すると，無視できるほど小さかった（Shimizu et al., 2013）．

堆肥施用量は，堆肥由来の窒素，リン，カリウム供給量のいずれかが，標準施肥量に達する量が上限値となる（北海道立農業・畜産試験場，2004）．牛ふん堆肥の場合，そのカリウム供給量で堆肥施用量の上限値が決まる場合が多い．牛ふん堆肥を上限値まで施用し，内田式（志賀ら，1985）を基礎に，窒素肥料を段階的に削減する理想的な草地管理は，温暖化緩和にも寄与することが確認された（図

4.10) (Hirata et al., 2013). また，温暖化緩和効果は，スラリーより堆肥の方が大きいことが確認された (Mori and Hojito, 2015ab).

7. 資源循環型畜産を担う畜産技術

(1) 飼料用米, 稲発酵粗飼料

　農地面積は，609万ha (1961年) をピークに，工業用地や道路，宅地への転換，耕作放棄などにより，452万ha (2014年) に減少した (図4.4)．主食用米の消費量は，118 kg/人/年 (1962年) をピークに，食生活の多様化などにより，57kg/人/年 (2013年) に減少した．このような状況の下，飼料用米や稲発酵粗飼料を生産することで，生産基盤を維持し，輸入飼料を減らす取組が進められている．

　飼料用イネは，北海道から九州向けの専用品種が開発されている．飼料用米 (専用品種) の粗玄米収量は，700から800 kg/10aで，主食用米 (平均530 kg/10a) の場合より3から5割多い (農研機構, 2015)．稲発酵粗飼料向け品種は，子実の割合が高い玄米多収型と茎葉の割合が高い茎葉多収型が選択できる (日本草地畜産種子協会, 2014)．

　飼料用イネの専用品種は，耐倒伏性が高く多肥栽培が可能である (吉永, 2015)．飼料用米の生産では，耕畜連携で稲わらが搬出される場合が多く，稲発酵粗飼料の生産では，茎葉を含めた収穫がなされる．イネの窒素吸収は，土壌有機物に対する依存度が高いため，堆肥還元により土壌有機物とイネが必要とする養分を補うことで，生産性を適切に維持することが大切である (樋口・吉野, 1986)．

　飼料用米は，濃厚飼料として利用され，玄米のTDN含量は，デントコーンの場合と同等である (農研機構, 2009)．飼料用米を牛や豚に給与する場合，破砕処理 (2 mm以下) や蒸気圧ぺんにより，ふん中への排せつ量を減らし，消化率を高める必要がある．鶏は，筋胃を持つため，未粉砕・粉砕のいずれでも同等の栄養価を得られる (農研機構, 2015)．飼料中に配合可能な玄米や籾米の上限値は，泌乳牛 (ホルスタイン種) で乾物当たり25％，肥育牛 (黒毛和種) で現物当たり30％，豚で現物当たり40％，採卵鶏で現物当たり30％，ブロイラーで現物当たり18から30％である (農研機構, 2015)．

(2) エコフィード

エコフィードは，エコロジカル（環境に優しい），エコノミカル（節約）に由来する造語で，食品の製造・流通の過程で生じる副産物（豆腐粕，醤油粕，ビール粕，リンゴ粕，焼酎粕，デンプン粕など），余剰食品（パンくず，弁当など），調理残さ（野菜くずなど），規格外農産物などの農場残さをリサイクルした飼料である．地域の食品産業を反映し，さまざまな原料が，エコフィードとして利用される．エコフィードの活用で，畜産農家は輸入飼料の購入費用，食品業者は廃棄物の処理費用を削減できる．

食品廃棄物など（1916万トン/年，2012年）は，食品製造業（1580万トン/年），外食産業（192万トン/年），食品小売業（122万トン/年）食品卸売業（22万トン/年）から発生し，その半分がエコフィードとして再利用（958万トン/年）された（図4.11）．食品廃棄物は，一般に高水分であり，乾燥化（牛，豚，鶏），サイレージ化（牛），リキッド化（豚）などにより，保存性と家畜の嗜好性を高める必要がある．濃厚飼料に占めるエコフィードの割合は，2003から2013年の10年間に，2.4から5.8％に増え，製造量はデントコーン輸入量の約1割（108万TDN

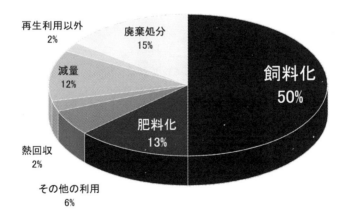

図4.11　食品廃棄物などの再生利用状況（2012年）
出典：農林水産省，2015c，エコフィードをめぐる情勢から作成

トン/年, 2013年）に達した.

(3) TMR (Total Mixed Ration, 完全混合飼料)

　TMRは栄養価を考慮し，粗飼料，濃厚飼料，ビタミン，ミネラルなどを混合した飼料である．畜産農家のTMRをまとめて調製・供給するTMRセンターは，畜産農家が飼料の調達・保管，調製・給与設備の負担を軽減できるため，畜産農家の高齢化，後継者不足，規模拡大による過重労働の問題を解決する手段として年々増加している（野中, 2010）．さらに，TMRセンターには，国産飼料やエコフィードの流通拠点としての機能が期待されている（図4.12）（九州沖縄農業研究センター, 2014）．

　TMRセンターは，2003から2013年の10年間に，32から110ヵ所に増えた．9割以上が酪農家向けにTMRを供給し，北海道が半分を占める．1ヵ所当たり10から20戸の酪農家に向け，500から2000頭分のTMRを供給する場合が多い（図4.13）．また，都府県では肉用牛農家向けにもTMRが供給される．北海道では，構成員の自給粗飼料，都府県では，購入粗飼料を混合する場合が多い（図4.13）．

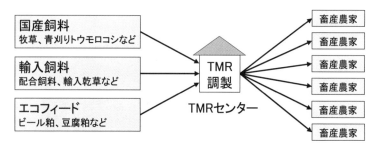

図4.12　TMR（完全混合飼料）センターを介した国産飼料の流通

(4) 耕作放棄地の畜産利用

　肉用牛農家は，子牛を生産する繁殖経営と子牛を成牛まで育てる肥育経営に分類される．繁殖雌牛は，肥育牛より栄養要求量が低いため，耕作放棄地などに放牧することで子牛を生産できる．中山間地は，平坦地に比べ耕作放棄率が高く，荒廃が進み易い．荒廃農地（27.6万ha, 2014年）の半分（14.4万ha）は再生が

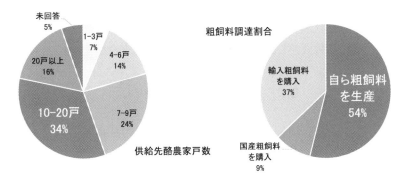

図4.13 TMRセンターの供給先酪農家戸数と粗飼料調達割合（2012年）
出典：農林水産省, 2015d, TMRセンターをめぐる情勢から作成

困難だが，残り半分（13.2万 ha）は草刈りや耕起で復元し，放牧に利用可能である（農林水産省，2015e）．耕作放棄地における放牧は，飼料費の節減，飼養管理の省力化に加え，農地を保全する観点から見ても重要である．また，周辺農地を獣害や土壌浸食から守る機能も注目される．

(5) 排せつ物資源化

飼養密度が高い地域，養豚や養鶏をはじめ，堆肥を還元する農耕地が少ない経営体は，排せつ物の資源化技術を積極的に活用し，輸入飼料から家畜ふん尿に移行した養分の循環エリアを拡大し，畜産農家と耕種農家の物質循環を結ぶことが大切である．

1) 資源回収型汚水処理システム

畜舎汚水は，農地還元が基本であるが，汚水を還元できる農地が少ない養豚農家などの場合，浄化を経て公共用水域に放流される．養豚農家の畜舎汚水は，生態系の富栄養化などの原因となるリンを高濃度で含むため，リンを除去する必要がある．畜舎汚水を曝気して二酸化炭素を追い出すことで，汚水の pH を上昇させ，MAP（リン酸マグネシウムアンモニウム）反応により，リンを固形肥料として資源化できる（鈴木，2014）．

2) 吸引通気式堆肥化システム

家畜ふん尿の堆肥化は，最も重要な排せつ物の処理技術だが，アンモニアが堆

肥原料の表面から発生する．堆肥の底部から大気に向け強制通気を行う従来の圧送通気方式とは逆方向，すなわち，大気から堆肥の底部に向け空気を吸引することで，アンモニア揮散を抑制する吸引通気式堆肥化システムが開発された（阿部，2013）．高濃度のアンモニアを含んだ排気をスクラバに導入し，リン酸などと反応させることで，アンモニアを液肥として資源化できる．

3）堆肥ペレット

　堆肥は水分率が高く，運搬にかかる労費が大きいことが，堆肥の広域流通を妨げる主因である．また，堆肥からの養分供給量や養分供給パターンは把握が困難で，窒素，リン，カリウムなどの成分のバランスは，作物が必要とする養分のバランスと必ずしも一致せず，成分濃度のばらつき自体も比較的大きい．このような問題を解決するため，作物が必要とする養分のバランスを考慮し，複数畜種の堆肥や油粕などを混合し成型した堆肥ペレットが開発された．堆肥ペレットは，コンパクトで水分率が低いため，保管と輸送が容易で，耕種農家が保有する施肥機で散布できる（薬師堂，2003）．成分と粒径が均一であるため利用し易い．

8．畜産と土壌を結ぶ物質循環

　環境負荷を最小限に抑制するには，輸入飼料から家畜ふん尿に移行する養分をリサイクルし，化学肥料を削減するとともに，エコフィードの利用により，輸入飼料として国内に持ち込まれる養分を少なくすることが基礎である．このような資源循環型の畜産業は，国全体の窒素利用効率の向上と窒素収支の改善に寄与する（Shibata et al., 2014）．堆肥とエコフィードを利用することで，肥料費と飼料費を削減することは，畜産物を安定供給する観点から見ても大切である．

　日本の農業は，経済社会の構造変化に直面し転換点を迎えている（農林水産省，2015f）．遊休農地を国産飼料の生産に活用し資源循環型の畜産業を再構築する耕畜連携の取組を発展させることは，豊かな農村社会を維持する上で大切である．資源循環型の畜産業が，環境負荷を抑制し，農村社会を支える機能について，人々に関心を深めていただき，国産飼料を給与して生産された畜産物の生産履歴を高く評価することが重要である．

　畜産経営における多頭化が進む中，畜産農家の限られた労働力と時間だけで，

第4章 畜産と土壌を結ぶ物質循環の重要性　（73）

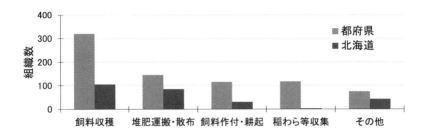

図4.14　コントラクター（作業請負組織）の作業受託状況
出典：農林水産省, 2015g, コントラクターをめぐる情勢から引用

自給飼料を増産するには限界がある．牧草やトウモロコシのサイレージ，稲発酵粗飼料，飼料用米など飼料作物の作付けから収穫，堆肥の運搬・散布，稲わら収集などを通じ，耕畜連携を支援するコントラクター（作業請負組織）を育成することで，農業従事者の過重労働や農業機械への過剰投資を回避し，国産飼料の生産効率を高めることが大切である（図4.14）．

コントラクターの組織数は，2003から2013年の10年間に317から581に増加した（農林水産省, 2015g）．国産飼料から畜産物までの生産工程を適切に分業化することで，国産飼料の生産における家畜排せつ物の利用促進，畜産物の生産における国産飼料の利用促進の両立を図り，畜産と土壌を結ぶ物質循環を再構築する耕畜連携の取組を発展させ，人々に安全・安心な畜産物を安定供給することが大切である．

引用文献

阿部佳之 2013. 吸引通気式堆肥化システムによるアンモニアの回収，JATAFFジャーナル 1(2):16−21.
配合飼料供給安定機構 2015. 飼料月報. 配合飼料供給安定機構，東京.
樋口太重・吉野喬 1986. 高収性水稲の窒素吸収特性について，日本土壌肥料学雑誌 57:134−141.
Hirata,R., A. Miyata, M. Mano, M. Shimizu, T. Arita, Y. Kouda, S. Matsuura, M. Niimi, T. Saigusa, A. Mori, M. Hojito, O. Kawamura, R. Hatano 2013. Carbon dioxide exchange at four intensively managed grassland sites across different climate zones of Japan and the influence of manure application on ecosystem carbon and greenhouse gas budgets. Agric. Forest. Meteorol. 177:57−68.
寳示戸雅之・池口厚男・神山和則・島田和宏・荻野暁史・三島慎一郎・賀来康一 2003. わ

が国農耕地における窒素負荷の都道府県別評価と改善シナリオ，日本土壌肥料学雑誌 74:467－474.
寳示戸雅之・松波寿弥・林健太郎・村野健太郎・森昭憲 2006a. 集約的畜産地帯における窒素沈着の実態，日本土壌肥料学雑誌 77:45－52.
寳示戸雅之・林健太郎・村野健太郎・森昭憲 2006b. 集約的畜産地帯における大気中アンモニア濃度の実態，日本土壌肥料学雑誌 77:53－57.
Hojito, M., K. Hayashi and S. Matsuura 2010. Ammonia exchange on grasslands in an intensive dairying region in central Japan. Soil Sci. Plant Nutr. 56:503－511.
寳示戸雅之 2011. 集約酪農地帯における大気を介した窒素循環．日本土壌肥料学会編，農業由来のアンモニア負荷－その環境影響と対策－，博友社，東京．113－136.
北海道立農業・畜産試験場家畜ふん尿プロジェクト研究チーム 2004．家畜ふん尿処理・利用の手引き 2004，北海道立畜産試験場，新得．1－93.
Intergovernmental Panel on Climate Change 2007. Climate Change 2007, Synthesis Report. IPCC, Geneva.
甲田裕幸・宝示戸雅之 2000．北海道東部の酪農経営における窒素フロー 2.草地および乳牛における窒素収支の改善，日本土壌肥料学会講演要旨集 46, 196.
神山和則 2007．家畜ふん尿由来の肥料成分の発生量と農耕地における収支，畜産の研究 61, 281－285.
神山和則 2011．農業系アンモニアの発生量．農業由来のアンモニア負荷－その環境影響と対策－，日本土壌肥料学会編，博友社，東京．93－112.
九州沖縄農業研究センター2014．TMR 特集号．九州沖縄農業研究センターニュース 47:1－10.
三輪睿太郎・岩元明久 1988．わが国の食飼料供給に伴う養分の動態．土の健康と物質循環，日本土壌肥料学会編，博友社，東京．117－140.
Mori, A. and M. Hojito 2012. Effect of combined application of manure and fertilizer on N_2O fluxes from a grassland soil in Nasu, Japan. Agric. Ecosyst. Environ. 160:40－50.
Mori, A. and M. Hojito 2015a. Effect of dairy manure type and supplemental synthetic fertilizer on methane and nitrous oxide emissions from a grassland in Nasu, Japan: Soil Sci. Plant Nutr. 61:347－358.
Mori, A. and M. Hojito 2015b. Effect of dairy manure type on the carbon balance of mowed grassland in Nasu, Japan: comparison between manure slurry plus synthetic fertilizer plots and farmyard manure plus synthetic fertilizer plots. Soil Sci. Plant Nutr. 61:736－746.
Mu, Z., A. Huang, S.D. Kimura, T. Jin, S. Wei, R. Hatano 2009. Linking N_2O emission to soil mineral N as estimated by CO_2 emission and soil C/N ratio. Soil Biol. Biochem. 41:2593－2597.
日本草地畜産種子協会 2010．自給粗飼料生産による温室効果ガス削減－環境に配慮した草地飼料畑の持続的生産体系調査事業（普及版）－．日本草地畜産種子協会，東京．
日本草地畜産種子協会 2014．稲発酵粗飼料生産・給与技術マニュアル第6版．日本草地畜産種子協会，東京．
野中和久 2010．TMR センターを活用した耕畜連携．循環型酪農へのアプローチ．松中照夫・寳示戸雅之編，酪農学園大学エクステンションセンター，江別．193－196.
農研機構 2009．日本飼養標準成分表（2009 年版）．中央畜産会，東京．
農研機構 2015．畜種別の飼料用米給与量．飼料用米の生産・給与技術マニュアル（2015 年度版），農研機構，つくば．213－216.
農林水産省 2014．畜産統計調査．農林水産省，東京．

農林水産省 2015a. 食料需給表. 農林水産省, 東京.
農林水産省 2015b. 耕地及び作付面積統計. 農林水産省, 東京.
農林水産省 2015c. エコフィードをめぐる情勢. 農林水産省, 東京.
農林水産省 2015d. TMR センターをめぐる情勢（TMR センター調査結果より）. 農林水産省, 東京.
農林水産省 2015e. 荒廃農地の現状と対策について. 農林水産省, 東京.
農林水産省 2015f. 食料・農業・農村基本計画. 農林水産省, 東京.
農林水産省 2015g. コントラクターをめぐる情勢（コントラクター調査結果より）. 農林水産省, 東京.
織田健次郎 2006. わが国の食飼料システムにおける1980年代以降の窒素動態の変遷, 日本土壌肥料学雑誌 77:517-524.
長田隆 2001. 家畜排泄物からの環境負荷ガスの発生について, 日本畜産学会報 72:167-176.
Ravishankara, A.R., J.S. Daniel, R.W. Portmann 2009. Nitrous Oxide (N_2O): the dominant ozone-depleting substance emitted in the 21st century. Science 326:123-125.
志賀一一・大山信雄・前田乾一・鈴木正昭 1985. 各種有機物の水田土壌中における分解過程と分解特性に基づく評価, 農研センター研報 5:1-19.
Shibata H., L.R. Cattaneo, A.M. Leach, J.M. Galloway 2014. First approach to the Japanese nitrogen footprint model to predict the loss of nitrogen to the environment. Environ. Res. Lett.9:115013.
Shimizu M., S. Marutani, A.R. Desyatkin, T. Jin, K. Nakano, H. Hata, R. Hatano 2010. Nitrous oxide emissions and nitrogen cycling in managed grassland in Southern Hokkaido, Japan. Soil Sci. Plant Nutr. 56:676-688.
Shimizu M., R. Hatano, T. Arita, Y. Kouda, A. Mori, S. Matsuura, M. Niimi, T. Jin, A.R. Desyatkin, O. Kawamura, M. Hojito, A. Miyata 2013. The effect of fertilizer and manure application on CH_4 and N_2O emissions from managed grasslands in Japan. Soil Sci. Plant Nutr. 59:69-86.
Shimizu M., R. Hatano, T. Arita, Y. Kouda, A. Mori, S. Matsuura, M. Niimi, M. Mano, R. Hirata, T. Jin, A. Limin, T. Saigusa, O. Kawamura, M. Hojito, A. Miyata 2014a. Farmyard manure application mitigates greenhouse gas emissions from managed grasslands in Japan. In Sustainable Agroecosystems in Climate Change Mitigation, Ed. Oelbermann M., Wageningen Academic Publishers, Wageningen, 115-132.
Shimizu M., R. Hatano, T. Arita, Y. Kouda, A. Mori, S. Matsuura, M. Niimi, M. Mano, R. Hirata, T. Jin, A. Limin, T. Saigusa, O. Kawamura, M. Hojito, A. Miyata 2014b. Mitigation effect of farmyard manure application on greenhouse gas emissions from managed grasslands in Japan. In Soil Carbon, Eds. Hartemink A.E., McSweeney K., Springer International Publishing, Cham, 313-325.
杉原進 1999. 草地畜産におけるゼロエミッション, 畜産の研究 53:743-750.
鈴木一好 2014. MAP 結晶化反応を利用した豚舎排水からのリン除去回収技術, 農業および園芸 89:537-544.
薬師堂謙一 2003. 堆肥の成型加工技術, 畜産の研究 57:95-100.
吉永悟志 2015. 家畜ふん堆肥を利用した飼料用米生産, 畜産環境情報 59:1-8.

第5章
土壌環境が支える草本植物の種多様性

平舘 俊太郎
国立研究開発法人　農業環境技術研究所

1. はじめに

　私たちの身の周りには，多くの種類の植物が土壌に根を張って生きている．日本に分布する植物は種子植物とシダ植物を合わせて約 4,000 種であるが（清水, 2003），彼らはどこにでも生育できるわけではなく，種ごとに特定の環境を選んで生育している．たとえば，田畑に入り込み農作物生産の邪魔になる「雑草」が山岳部に入り込み蔓延している場面をほとんど見ないし，逆に山岳部に生育する山野草類が田畑に入り込んでいる場面もまず目にすることはない．

　こういった植物の「住み分け」には，いったいどのような要因が関わっているのだろうか．よく知られている要因としては，気温，降水量，日射量といった気候的要因と，その場所がその植物の種子の拡散等によって広まった分布域内にあるかどうかといった地理的要因が挙げられる．また，種子の形状や散布様式の違いによって新たな場所への分布速度に差が生じるため，このような種固有の特性がその分布に影響をおよぼすこともあるだろう．しかし，市区町村内といったレベルの狭い地域内では，上記の気候的要因や地理的要因は均質であるにもかかわらず，いくつかのタイプの植生が存在し，その植生のタイプは少なくとも数年間は変化しないというケースがごく普通に見られる．著者らは，このような現象に土壌の性質が深く関わっているのではないかと考え，植生と土壌の関係を調査してきた．ここでは，これらの調査結果に基づいて，土壌が身近な植物の種多様性や

生態系を支える要因としていかに重要であるかを説明するとともに，土壌を保全することの重要性を強調したい．

2. 日本の草原における植物の種多様性とその危機

　日本の国土は，大部分が温暖・湿潤な気候下にあるため，人の手が入らなければほとんどが森林植生となる．しかし，とくに縄文時代以降，日本では人の手によって草原植生が広く維持されてきたことが明らかになってきた．かつて人々は，火を放つことによって狩りを行い，また生じた草原から衣食住にかかわる多くの生活必需品を得ており，これら人々による営みが草原を長期間維持させてきたと考えられている（須賀ら，2012）．

　日本において古くから成立していた草原の多くは，こういった人の手が加わることによってつくられたものではあるが，数千年～数万年といった長期間維持されることによって，そこには独特の生態系が成立し，こういった環境であるからこそ維持・持続可能な生物群が出現したと考えられる．これらは，いわゆる手つかずの自然ではないが，日本の自然を構成する重要な要素の一つであり，半自然草原あるいは二次草原と呼ばれている．

　半自然草原に特徴的な植物は，毎年刈り取りや火入れが行われても衰退しにくい特性を持っており，代表的な優占種としては多年生草本であるススキ，チガヤ，ノシバなどが挙げられる．半自然草原では，これらの優占種に加えて，多くの種類の植物が生育できる（多様性が高い）という点も，大きな特徴の一つであろう．たとえば，ミツバツチグリ，ツリガネニンジン，カワラナデシコ，キキョウといった植物は（写真1参照），半自然草原に出現する代表的な植物である．これらは，比較的小型の多年生植物であり，刈り取り・火入れといった管理が定期的に入ることによってこれらの植物の生育に好適な環境となり，逆に管理が施されなければ他の大型植物による被陰の影響等により衰退しやすいと考えられる．こういった植物は，半自然草原に依存した植物であると言えるだろう．

　かつて半自然草原は，原野，荒地，草山，柴山などと呼ばれ，日本の国土の多くを占めていたと考えられる．たとえば，江戸時代初期の頃においては，日本の山の5～7割以上が草山・柴山に相当していた可能性が指摘されている（小椋，2012）．

第5章 土壌環境が支える草本植物の種多様性　（ 79 ）

ミツバツチグリ

ツリガネニンジン

カワラナデシコ

キキョウ

写真1 半自然草原に代表的な植物である，ミツバツチグリ（左上），ツリガネニンジン（右上），カワラナデシコ（左下），キキョウ（右下）．

　当時の人々は，茅葺き屋根の材料として，家屋の壁の材料として，蓑・笠・履物・衣類等の材料として，敷きもの・綱・紐等の材料として，家畜の飼葉等として，農耕地に投入する有機質肥料としてなど，多様な用途のためにススキなど草原に由来する資材を積極的に利用していた．明治時代に入ると，火入れの規制，植林の推進，金肥使用量の増大などに伴って草原面積は減少しはじめ，明治20年（1890年）前後で草原面積は国土面積の20％前後，昭和元年（1925年）前後で10％前後となり，現在では家畜需要の減少や化石燃料・化学肥料の普及に伴い1％にも満たない状況となった（小椋，2012）．これに伴って，半自然草原に依存する植物たちもその生育環境を奪われることとなり，多くがその分布を狭める結果となった．たとえば，カワラナデシコ，キキョウ，オミナエシは，秋の七草にも挙げられるほどかつては普通に見られた植物であったが，現在では身近に見ることができる人はごく限られており，地域によっては絶滅危惧種に挙げられている．

セイタカアワダチソウ　　　シロツメクサ

ハルジオン　　　　オオハンゴンソウ

写真2　侵略的外来植物である，セイタカアワダチソウ（左上），シロツメクサ（右上），ハルジオン（左下），オオハンゴンソウ（右下）．オオハンゴンソウは，特定外来生物にも指定されている（2015年12月現在）．

　日本の半自然草原に古くから依存してきた植物たちに対する脅威は，草原面積の減少だけにとどまらない．近年は，侵略的な外来植物の蔓延によって，在来植物の生育環境が奪われ，それによって半自然草原に生きる植物たちの多様性が損なわれるリスクが大きく取り上げられている（日本生態学会，2002）．たとえば，セイタカアワダチソウ，シロツメクサ，ハルジオン，オオハンゴンソウといった植物は（写真2参照），在来植物の生育環境を奪っていることが報告されており，侵略的な外来植物であるとされている．

　このような状況を改善すべく，環境省は「特定外来生物による生態系等に係る被害の防止に関する法律」（通称外来生物法）を2004年6月に公布し2005年6月に施行した（http://www.env.go.jp/nature/intro/index.html）．この法律は，外来生物の中でも，生態系，人の生命・身体，農林水産業に対して被害をおよぼすものまたは被害をおよぼす恐れがあるものを「特定外来生物」として指定し，これ

表1 特定外来生物に指定されている植物種群*

和名	科名	学名	原産地
オオキンケイギク	キク科	Coreopsis lanceolata	北アメリカ（ミシガン〜フロリダ，ニューメキシコ）
ミズヒマワリ	キク科	Gymnocoronis spilanthoides	中央・南アメリカ
オオハンゴンソウ	キク科	Rudbeckia laciniata	北アメリカ
ナルトサワギク	キク科	Senecio madagascariensis	マダガスカル
オオカワヂシャ	ゴマノハグサ科	Veronica anagallis-aquatica	ヨーロッパ〜アジア北部
ナガエツルノゲイトウ	ヒユ科	Alternanthera philoxeroides	南アメリカ
ブラジルチドメグサ	セリ科	Hydrocotyle ranunculoides	南アメリカ
アレチウリ	ウリ科	Sicyos angulatus	北アメリカ
オオフサモ	アリノトウグサ科	Myriophyllum aquaticum	南アメリカ
ルドウィギア・グランディフロラ（オオバナミズキンバイ等）	アカバナ科	Ludwigia grandiflora	南アメリカ，北アメリカ南部
スパルティナ属	イネ科	Spartina spp.	15〜16種類が北アメリカ，ヨーロッパ，アフリカ北部
ボタンウキクサ	サトイモ科	Pistia stratiotes	アフリカ
アゾラ・クリスタータ	アカウキクサ科	Azolla cristata	−

*2015年12月現在（http://www.env.go.jp/nature/intro/index.html）．

らを対象に，飼育，栽培，保管および運搬，輸入，野外へ放つ，植える，蒔く，譲渡，引渡し，販売等の行為を禁止するものである．なお，特定外来生物に指定されている植物は，2015年12月現在，表1の13種群である．

　また，2010年10月に愛知県名古屋市で開催された第10回生物多様性条約締約国会議（COP10）においては，侵略的な性質を持った外来種の定着経路を特定・管理するとともに，これらを制御または根絶することが目標（愛知ターゲット）のひとつとして採択された．このように，侵略的外来種が生態系にもたらす被害やこれらを排除する必要性に関する認識は国内外で高まっている．

3．草原の植生と土壌特性の関係：北関東の事例

　半自然草原の多くが失われた現代の日本では，継続的な刈り取り管理などが行われる農耕地周辺の畦畔等のスペース，集落内の小道や高速道路を含めた通路周辺のスペース，住宅や工場などの敷地やその周辺に生じたスペースや緑化を施されたスペースなどが半自然草原に依存した植物たちの貴重な生育環境になってい

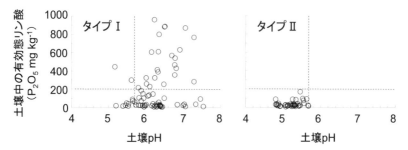

図1 北関東の草原植生における植物群落タイプ（タイプⅠおよびタイプⅡ）とそれらが出現する土壌の化学特性の関係（平舘ら，2010 より）．タイプⅠ：セイタカアワダチソウやセイヨウタンポポなど外来植物が出現しやすい植生．タイプⅡ：アズマネザサ，アキカラマツ，ワレモコウ，ツリガネニンジンなど，半自然草原に特徴的な種が出現しやすく，外来植物の出現率が低い植生．植生の群落タイプはTWINSPAN および INSPAN により解析した．土壌中の有効態リン酸は BrayⅡ法により測定した．

る．しかし，こういったスペース間には，気候的要因や地理的要因にほとんど違いがないにもかかわらず，場所によって出現する植生は異なり，しかもその植生は少なくとも数年間は変化しない場合が多い．著者らは，こういった場所において植生を決める要因として土壌特性が深く関わっているのではないかと考え，北関東において植生と土壌特性の関係を調査した（平舘ら，2010）．

この調査では，半自然草原によく見られる在来植物から侵略的な外来植物まで，約 320 種の植物が確認された．他の多くの研究者が指摘しているように，この北関東の事例でも，外来植物の出現割合が大きくなると，そこに出現する植物の種数は少なくなる，つまり外来植物の侵入は草原生植物の多様性を低下させるという傾向が明確に見られた．

各調査地点に出現した植物の種組成（植物種の組み合わせ）は，完全なランダムではなく，一定の傾向が認められた．これらの植物組成を統計的な手法により分類したところ，各調査地点は下記の2つに大別された．

タイプⅠ：セイタカアワダチソウなどの外来植物が出現しやすい植生

タイプⅡ：アズマネザサ，アキカラマツ，ワレモコウ，ツリガネニンジンなど，半自然草原に特徴的な種が出現しやすく，外来植物の出現率が低い植生

これらの植生タイプが出現した土壌の化学特性を調べたところ，とくに表層土壌（0-5 cm）のpHと有効態リン酸（Bray II リン酸）がこれらの植生タイプの出現と深く関わっていることが明らかになった（図1）．すなわち，タイプ I の90 %は，土壌 pH＞5.7 あるいは土壌中有効態リン酸＞200 mg P_2O_5 kg^{-1} の土壌環境に出現していること，逆にタイプ II の 100 % が土壌 pH＜5.7 かつ土壌中有効態リン酸＜200 mg P_2O_5 kg^{-1} の土壌環境に出現していることが明らかになった．この調査結果は，北関東の草原植生において，出現する植生タイプに対して土壌環境が大きな影響をおよぼしていることを示すものと考えられる．

4. 北関東の土壌特性：過去と現在

(1) 過去における北関東の表層土壌の化学特性

　北関東の表層土壌は，もともとどのような土壌 pH や土壌中有効態リン酸の値だったのだろうか．この答えを得るために，かつての表層土壌の化学特性が現在でも維持されていると考えられる場所で土壌調査を実施するとともに，古い土壌分析データをあたったところ，本来この地域では土壌 pH および土壌中有効態リン酸はいずれも非常に低い値であり，上記北関東の事例にあるタイプ II の植生が出現しやすい土壌環境であったことがわかった（森田ら，2008）．このような状態は，少なくとも 1960 年代の多くの農耕地土壌にも当てはまったが，その後，農作物の生産性を高めるために，土壌酸性の矯正を目的とした石灰資材およびリン酸欠乏症回避を目的としたリン酸肥料が施され，その結果，現在ではほとんどの農耕地内はタイプ I の植生が出現しやすい土壌環境に変化したことが明らかになった．このタイプ I の植生が出現しやすい土壌環境のうち，土壌 pH および土壌中有効態リン酸の両方が高い土壌は，恐らく石灰資材とリン酸資材の両方の投入によってはじめて出現したものであり，1960 年代以降に特徴的な土壌環境であると言えるだろう．

(2) 表層土壌と下層土壌

　土壌環境を変化させる要因は，石灰資材やリン酸資材の投入だけではない．たとえば，工場等大型施設建設のための敷地造成や幹線道路整備のための造成工事では，多くの場合，表層土壌を持ち出し，下層土壌をむき出しにする．河川堤防の

新規造成や改修でも，同様のことが起こりうる．実は，表層土壌と下層土壌では化学特性が大きく異なる．表層土壌は，土壌全体から見れば一枚のほんの薄い層であるが，そこでは活発な物質循環が常に行われており，植物から供給される有機物をめぐって，土壌小動物や土壌微生物が独特の生態系をつくっている．このような生態系が長期間維持されると，表層土壌は独特の化学特性を示すようになり，このような物質循環に乏しい下層土壌とは化学特性も物理特性も大きく異なってくる．このため，下層土壌を表面にむき出しにすると，表面に現れた下層土壌がそれまでとは異なった土壌特性を示すため，植生もその影響を受けて変化すると考えられる．

図2に，栃木県下に分布するアロフェン質黒ボク土について代表的な3断面をとりあげ，土壌断面中における土壌pHの深さによる推移を示した．いずれの土壌も表層ほど土壌pHは低いことがわかる．これは，完新世（約12,000年前から現在まで）の火山噴出物の影響を強く受けているこの地域の特徴でもある．すなわち，新しい火山噴出物は弱アルカリ性でありpHは高いが，これらは地上の環

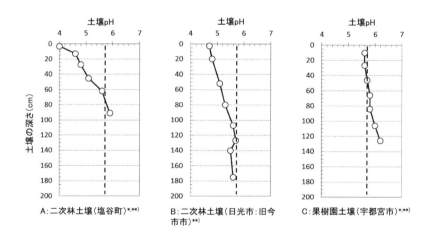

図2　栃木県下に分布するアロフェン質黒ボク土の土壌断面中における土壌pHの深さによる推移．土壌pH値は，土壌の水懸濁液（土壌：水＝1:2.5）について測定した．縦の破線は，土壌pH値5.7を示す．図は，*平井ら（2004）および**Hiradate et al.（2006）を参照して作成した．

境下で風化を受けると風化程度に応じて酸性化が進みpHは低下すると考えられる（平舘, 2014）．図2では，生物の影響下でもっとも激しく風化作用にさらされてきた表層部分において，酸性化が顕著に進んだと考えられる．とくに，肥料や土壌改良資材が施用されない二次林下の土壌（図2AおよびB）では，表層の土壌pHは5.7を大きく下回り，外来植物が蔓延しにくい状況にあると考えられる．しかし，大規模な造成工事などによって表層土壌が持ち出されたり，あるいは表層土壌と下層土壌が混合されたりすれば，その影響を受けた表層では土壌pHは上昇することになる．かつて半自然草原では，人々は草を刈り取り，これを持ち出すという収奪的な営みを続けていた．このような営みを続けることによって，土壌から植物体中に取り込まれた栄養塩類は系外に持ち出され，このため土壌pHはいっそう低下し，貧栄養的な環境がもたらされたと考えられる．このように，半自然草原での営みがもたらした土壌特性は，大規模造成工事などがもたらす土壌特性とは大きく異なっていると考えられる．

なお，同じような土壌生成過程を経て生成したアロフェン質黒ボク土でも，果樹園として利用されている土壌（図2C）では，土壌改良資材等の施用の影響を受けて，表層土壌の酸性は弱まっている．

(3) アルカリ性土壌の出現

近年は，取り壊した建築物等から発生したコンクリート片や建築廃材を，土壌に混入して処理する手法が採用されるようになってきた．日本は多雨で湿潤な気候下にあるため，本来はほとんどの土壌が酸性を示すが，コンクリートには多量のアルカリが含まれているため，これらが混入された土壌はアルカリ性を示す場合すらある．図1においてタイプⅠの植生が出現する土壌の中には，このようなアルカリ性土壌も含まれている．北関東におけるアルカリ性土壌の出現は，やはり近年の人間活動がもたらした顕著な影響と言えるだろう．

5. 草原に生きる植物たちの土壌環境適性

日本の半自然草原の土壌は，その場所に元来備わっている自然土壌としての化学特性に加えて，収奪的な管理の効果が加わり，比較的土壌酸性が強く貧栄養的であるという特徴を示す．このような環境下に生育する植物は，長期間継代され

る中で，こういった環境に対してより適応した特性を獲得してきたと考えられる．たとえば，強い酸性土壌により適応するために，酸性土壌中において植物生育阻害作用を発現するアルミニウムイオンを解毒できるという特性を獲得したり，土壌からの植物栄養元素吸収能力が高いという特性を獲得したり，体内植物栄養元素濃度が低くても正常に生育できるという特性を獲得したり，といった進化を辿ったと考えられる（Hiradate et al., 2007）．

　これに対して，北関東の事例で見られた外来植物は，多くが大陸を起源とするものであり，これらの原産地の環境に適応しながら進化してきた結果，土壌酸性には弱いが，富栄養的な土壌環境では旺盛に生育できるという特性を備えていると考えられる．このことを支持する結果は，栽培実験によって得られている．たとえば，侵略的外来植物であり牧草でもあるネズミムギとオオアワガエリは，いずれも土壌 pH が低くかつ土壌中有効態リン酸が低い土壌（図1のタイプⅡに相当する土壌）ではほとんど生育できないが，ネズミムギはこの土壌に対してリン酸を施用することによって生育可能になることが，またオオアワガエリはリン酸施用に加えて石灰施用により土壌 pH を上昇させることで生育可能になることが示されている（森田ら，2011a）．

　植物種ごとにその分布と土壌特性の関係を整理してみると，在来種でありかつ半自然草原の代表種であるツリガネニンジンとミツバツチグリは土壌 pH が低くかつ土壌中有効態リン酸が低い土壌に，外来植物であるセイタカアワダチソウとシロツメクサは土壌 pH が高い土壌に分布している傾向がわかってきた（図3．平舘ら，2012；平舘，2015）．ツリガネニンジンやミツバツチグリは，土壌 pH が低くて貧栄養的な環境を好んでいるというよりは，新しく出現した環境である土壌 pH が高く富栄養的な場所においては新たに侵入してきた外来植物に分布拡大競争において勝つことが出来ず，このため土壌 pH が低くて貧栄養的な環境に留まらざるを得ない，という側面が強いと考えられる．一方のセイタカアワダチソウやシロツメクサは，日本の半自然草原に典型的な土壌 pH が低くて貧栄養的な場所には適応できておらず，こういった場所では生育できない，あるいはこういった場所では分布拡大競争において在来植物に勝つことが出来ない，という側面が強いと考えられる．

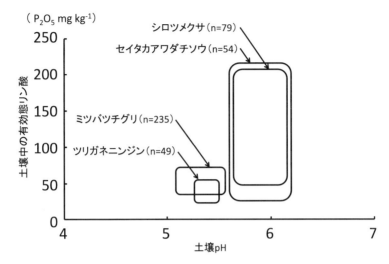

図3 シロツメクサ,セイタカアワダチソウ,ミツバツチグリ,ツリガネニンジンが出現する土壌の化学特性.日本全国の草原植生を対象に,これら4種の植物について出現した地点の土壌pHおよび土壌中有効態リン酸（Bray II P）を調査し,それぞれの種ごとに中央値に近い50％が出現した範囲を図中に示した（平舘ら,2012；平舘,2015）.

6. 土壌特性制御による植生制御

　土壌特性がそこに分布する植物の種類に対して大きな影響をおよぼしていることが明らかになってきたが,それでは土壌特性を制御することによって植生を制御することは可能だろうか.著者らは,土壌を酸性化させることによって,侵略的外来植物であるセイタカアワダチソウの抑制が可能であるか,野外実験により検討を行った.

　図4に,セイタカアワダチソウが優占する耕作放棄地（於：山口県山口市）において,土壌表面に対して塩化アルミニウム6水和物を散布することによって土壌を酸性化させた際の植生の経時変化を示した.この野外試験では,土壌を酸性化させた区においてセイタカアワダチソウの蔓延が顕著に抑制され,代わりに在来植物であるチガヤが優占種となった（森田ら,2010；2011bc）.チガヤは,セ

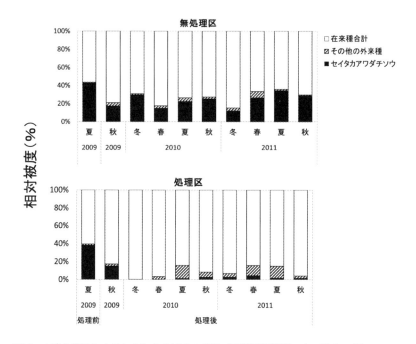

図4 土壌を酸性化することによる植生の変化(試験実施場所:山口県山口市).2009年夏に無処理区および処理区の地上部を刈り取り,処理区では塩化アルミニウム6水和物を処理し,無処理区では何も処理せず,その後の植生の推移を調査した.2009年夏のデータは,刈り取り前のもの(平舘ら,2012).

イタカアワダチソウよりも成長が遅く,かつ小型であるため,通常はセイタカアワダチソウとの競争では勝てないと考えられるが,土壌環境によってはセイタカアワダチソウを抑えてチガヤの方が優占する場合があることが示された.

また,このセイタカアワダチソウに代えてチガヤを優占させる塩化アルミニウムの効果は2年以上維持された(平舘ら,2012).セイタカアワダチソウを抑制するための手段としては,刈り取りや除草剤処理が一般的であるが,これらの手法は土壌特性を変化させるものではないため,一旦はセイタカアワダチソウが姿を消しても,数ヵ月〜翌年後にはまたセイタカアワダチソウが優占する結果となることが多い.しかし,塩化アルミニウム処理による土壌特性制御の効果は長期

間持続することが示されている（藤間ら, 2012）.

この耕作放棄地では，過去の石灰施用による土壌 pH の上昇が認められていたが，本野外試験では，石灰施用のなされていない場所の土壌調査からこの場所での適切な土壌 pH 値を推定し，その土壌 pH 値を目標値として塩化アルミニウム処理量を決めている．このため，塩化アルミニウム処理は，かつて石灰施用によって土壌特性が改変された影響を，もとの状態に戻したものと考えることができる．つまり，もとの土壌環境に戻せば，植生ももとに戻る可能性が示されたと言える．

上記のような実験結果は，実は，どの場所でも得られるわけではないこともわかってきた．茨城県牛久市で実施した同様の試験では，山口県山口市で得られた実験結果ほど高い効果は得られなかった（森田ら, 2011c）．これは，土壌特性の違いや周囲の植生の影響によるものと考えられる．山口県山口市の圃場では土壌が酸を保持する能力が高いのに対して，茨城県牛久市の圃場では土壌が酸を保持する能力に乏しく，かつ酸を中和する土壌鉱物が含まれているため，塩化アルミニウム処理による効果は低かったと考えられる．また，茨城県牛久市の圃場では，酸性土壌でも生育できる植物が周囲にほとんど分布しておらず，このため塩化アルミニウム処理によってセイタカアワダチソウが一時的に抑制されても，植生が入れ替わるチャンスはほとんどなかったと考えられる．

以上のように，土壌特性を制御することによって植生を制御できる場合ばかりではないが，少なくとも土壌特性は植生に対して大きな影響力を持っていることは明確に示されたと言えるだろう.

7．土壌が植物の多様性を支えている

本稿では，土壌と植物の関係について，野外における植物分布と土壌特性の関係に関する調査結果，栽培実験による植物の土壌環境適性に関する試験結果，および塩化アルミニウムを用いた野外操作実験の結果などを中心に紹介した．研究結果からは，私たち日本人の土壌に対するかかわり方が大きく変化した結果，土壌の特性も大きく変化し，それに伴って植生も大きく変わってきたという流れが見えてくる．すなわち，土壌はその特性を通じて植物の種多様性を支えており，

人間活動が不適切な形で土壌特性に影響をおよぼせば，そこに生育する植物の種組成もそれに応じて変化すると理解できる．

　これまでは，外来植物の持つ侵略的な特性が大きく注目され，このような特性を持つ外来植物（侵略的外来植物）が日本の生態系にとって危険であると認識され，これらの直接的な駆除や根絶が議論されることが多かった．しかし，本研究からは，これら侵略的外来種と呼ばれる植物の中にも，その危険な性質を助長させる原因を人間活動がもたらしていること，そしてその原因を取り除けばその外来種の侵略的な特性も影をひそめる可能性があること，などが示されたと考えている．逆に，その原因を取り除かずに，侵略的外来植物の駆除だけを進めようとしても，効果的ではない場面も十分に想定される．

　土壌はその特性を通じて植生に対して大きな影響を与えるが，植物は一次生産者として生態系を支える基礎であり，植生が変化すればそこに生息する植食者相や捕食者相も大きな影響を受ける．すなわち，土壌は，土壌特性－植物相－植食者相－捕食者相といった一連のつながりを通じて，生態系全体を支えていると言えるだろう．生態系は，その場所に独特な環境要因（土壌，気温，降水量，日射量，地形，地質など）の影響のもとで独特の生物多様性を保持しており，私たちはその生物多様性が支える生態系サービス（供給サービス，調整サービス，文化的サービス，基盤サービス）の恩恵を享受している．土壌を理解し，土壌のあるべき姿として保全することは，ひいては私たちに対する恩恵として還元されることになる．

　現代は，人為的インパクトによって土壌特性が容易に改変されるケースが多い．また，土壌特性の人為的改変が，私たちの暮らしに一時的に大きな恩恵をもたらす場合も多い．しかし，日本の土壌の特性がすべて改変されてしまうと，日本で培われてきた生態系が損なわれてしまう．土壌特性を改変する際には，その影響が必要な範囲にとどまるよう十分に留意し，むやみに広範囲に影響がおよばないように十分な留意が必要であろう．本研究によって，土壌を適切に管理することの重要性がより理解されるようになれば幸いである．

参考文献

平舘俊太郎　2014．三瓶山地域における火山灰土壌の生成と特性．日本ペドロジー学会2014年度大会講演要旨集, 21-30.

平舘俊太郎　2015．植物の多様性を支える土壌．日本土壌肥料学会「土のひみつ」編集グループ編, 土のひみつ：食料・環境・生命, 朝倉書店, 東京. 158-161.

Hiradate, S., H. Hirai and H. Hashimoto 2006. Characterization of allophanic Andisols by solid-state ^{13}C, ^{27}Al, and ^{29}Si NMR and by C stable isotopic ratio, δ^{13} C. Geoderma 136: 696-707.

Hiradate, S., J.F. Ma and H. Matsumoto 2007. Strategies of plants to adapt to mineral stresses in problem soils. Advances in Agronomy 96: 65-132.

平舘俊太郎・楠本良延・吉武　啓・馬場友希　2010．土壌が支える生物多様性．根本正之編, 身近な自然の保全生態学：生物の多様性を知る, 培風館, 東京. 131-148.

平舘俊太郎・楠本良延・森田沙綾香・小柳知代　2012．土壌環境制御による植生制御：外来植物であるセイタカアワダチソウの草原から在来植物であるチガヤの草原へ．植調, 46, 89-95.

平井英明・橋本　均・田中治夫・伊藤豊彰　2004．日本の統一的土壌分類体系-第二次案 (2002)-を用いた男体山東麓地域に分布する土壌の分類と国土調査の土壌分類との対比．ペドロジスト, 48, 16-23.

森田沙綾香・平舘俊太郎・楠本良延・加藤　拓・池羽正晴・藤井義晴　2008．土壌の化学的特性からみた茨城県南部農耕地における外来植物リスク．日本ペドロジー学会2008年度大会講演要旨集, 45.

森田沙綾香・藤間　充・太田陽子・楠本良延・平舘俊太郎　2010．土壌環境制御による植生管理法の開発：第1報：土壌酸性化処理とそれにともなう植生変化．日本土壌肥料学会講演要旨集, 56, 156.

森田沙綾香・平舘俊太郎・藤井義晴　2011a．ネズミムギとオオアワガエリの土壌の化学的特性に対する生育反応．日本雑草学会第50回講演会講演要旨, 56, 103.

森田沙綾香・小柳知代・藤間　充・太田陽子・楠本良延・平舘俊太郎　2011b．土壌環境制御による植生管理法の開発：第2報：土壌酸性化処理後1年間の植生モニタリング．日本生態学会講演要旨集, 58, P3-260.

森田沙綾香・小柳知代・藤間　充・太田陽子・楠本良延・平舘俊太郎　2011c．土壌環境制御による植生管理法の開発：第3報：山口県と茨城県で実施した土壌酸性化処理とそれにともなう植生変化．日本雑草学会講演要旨, 56, 158.

日本生態学会（編）　2002．外来種ハンドブック．地人書館, 東京.

小椋純一　2012．森と草原の歴史：日本の植生景観はどのように移り変わってきたのか．古今書院, 東京.

清水建美（編）　2003．日本の帰化植物．平凡社, 東京.

須賀　丈・岡本　透・丑丸敦史　2012．草地と日本人：日本列島草原1万年の旅．築地書館, 東京.

藤間　充・三浦雅史・泉　玄氣・平舘俊太郎・楠本良延・太田陽子・森田沙綾香・小柳知代　2012．土壌環境制御による植生管理法の開発：第4報：土壌酸性化処理による土壌の理化学性の変化．日本土壌肥料学会講演要旨集, 58, 146.

第6章
土壌 DNA 診断を活用した新しい土壌病害管理

對馬誠也
国立研究開発法人　農業環境技術研究所

1. はじめに

　近年，国内では，安全・安心な食品に対するニーズが高まり，農学の各分野でその対応が求められている．植物病理分野の課題としては，臭化メチルの全廃に伴う新しい対策の導入や，臭化メチルを使用していなかった病害においても化学合成農薬（以下，農薬）の使用削減に向けた技術開発への要望が高くなっている．とくに，今回のテーマである，土壌病害においては，土壌くん蒸剤の削減が大きな課題となっており，農薬代替技術の開発が進められている．しかし，その一方で，かりに素晴らしい技術ができても，防除コストが既存の農薬より著しく高い，あるいは作業に時間と労力が著しくかかる，ということでは普及が難しく，実用化～普及までには多くの課題がある．たとえば，コストが高い場合には，使用回数を減らすなど，普及のための最適な活用法を工夫する必要があると考える．これまで，環境にやさしい農業を推進する場合，しばしばコストが慣行農業より高くなることが言われているが，今後は，低コスト，省力で，かつ持続的に安全，安心な農産物を供給する農業生産技術の開発に対する要求が高くなると考える．そのためには，農薬代替技術の開発だけではなく，それらを有効活用するための方法論が必要である．

　こうした課題を取り組むに当たり，今回のテーマである「土壌 DNA 解析技術の開発」が土壌病害管理の研究に多大な貢献をしており（對馬, 2015），ここで

は，土壌 DNA 解析の歴史と土壌病害管理に関する著者らの研究を中心に紹介する．

2. IPM（Integrated Pest Management）における土壌 DNA 解析技術の活用

　農薬の削減を低コストで効果的に実施するための方法として，著者らは，アブラナ科野菜の IPM（Integrated Pest Management，総合的病害虫管理）に関わった経験（對馬，2000）から，IPM が有力な手段であると考えたが，その一方で，土壌病害の IPM を推進する上での課題としては，次の 2 つがあると考えた．1 つ目は，従来から伝統的に実施されている防除暦に基づき生産者が対策を講ずるシステム，いわゆる「カレンダー防除」のシステムの中で IPM を実践するのが難しいことであり，2 つ目は，IPM の推進では防除技術を効率的に活用するための意思決定支援技術の開発が必要であるが，土壌病害において「診断技術」と「診断結果に基づく意思決定支援技術」の開発が極めて難しかったことである．

　1 つ目のカレンダー防除は，広域を対象に病害の発生を効率的に抑えるのに最適な方法である．とくに，土壌病害では，作業の都合上，防除対策を播種前に実施するため，その時点で生育期間中の病害の発生を予測することが困難なことから，カレンダー防除が有力な手段であった．しかし，その一方で，カレンダー防除は，「（広い地域を対象に）最悪を想定した防除」ともいわれ，圃場によっては「過剰な防除」が行われていることが容易に推察される．これに対して，IPM は，圃場の発生状況に応じて適正管理することにより過剰な防除を減らすのに適しているが，それを推進するためには，「圃場ごとに管理する」ことが必要である．カレンダー防除のシステムの中で，「生産者が圃場をよく観察し，圃場毎に病気の発生状況に応じて対応する」ことを導入するのは簡単ではない．

　次に，「複数の技術を組み合わせる」という IPM の定義と関連すると思うが，これまでの研究の中心は，個別技術（各種の防除技術，診断技術）の開発にあり，IPM のもう一つの特徴である，「pest を経済的に許容できる範囲で適正に管理する」という視点での，個別技術を効率的に使うための「意思決定支援技術」の開発が遅れているように思える．その理由の一つとして，意思決定支援技術の開発

には，病害の生態的特徴，診断技術・防除技術の特徴とコストを考慮した上で合理的な組み合わせを提案する必要があり，研究に時間がかかるからだと考える．一般に，IPM では，経済的被害許容水準（EIL: Economic Injury Level）と，それに基づく要防除水準（CT: Control Threshold）が提案されているが（Tsushima, 2014），土壌病害でそれを求めるのは簡単ではない．たとえば，土壌病害では，作業の都合上，播種前に CT を決定する必要があり，地上部病害のように生育期間の発病を観察しながら対応することができないこともその理由の一つである．こうした状況から，土壌病害の IPM を考える際には，これまでも様々な IPM 戦略が提案されていることから（對馬，2001），日本の土壌病害に適した新しい IPM 戦略を考える必要があった．

　以上から，土壌病害の IPM では，①病害の生態的特徴を把握する（できれば病害の弱点を見つける），②個別技術（診断技術，対策技術）の特徴を把握する，③土壌病害に適した IPM 戦略を検討する，などが重要であると考えることができる．たとえば，診断を基に予防を徹底する戦略があっても良いであろう．土壌病害では，しばしば発病してから数年で激発圃場になり，最悪の場合，栽培を断念するケースが見られることがある．このような場合，かりに圃場診断に経費がかかったとしても，その結果，激発を回避あるいは遅らせることができれば，最終的には低コストで高収益になると考える．一例ではあるが，アブラナ科野菜根こぶ病については，著者らが開発した根こぶ病モデルで解析したところ（Tsushima ら，2010, Tsushima, 2014），圃場の病原菌を低い密度を維持できれば激発圃場になるまでの年月を遅らせることができることが示唆される．さらに，「発病抑止的な土壌」を用いた場合には，低い病原菌密度で栽培する限り激発しないという計算結果も出ている．実際の生産現場では，大雨が降れば，モデルどおりにはならないが，それでも激発年を遅らせることができるのは明らかと考える．

　以上のことを踏まえて，著者らは，圃場ごとに観察・診断を行い，その結果に基づき予防的に圃場を管理することができないかと考えた．その結果，ヒトの健康診断にヒントを得て，新しい土壌病害管理法，『健康診断に基づく土壌病害管理』（HeSoDiM：Health checkup based Soilborne Disease Management，以下，ヘソディム）を提案した（Tsushima and Yoshida, 2012; Tsushima, 2014）．

3. 土壌の生物性評価法の開発が土壌病害の診断を飛躍的に促進

　土壌病害の診断上，重要な要因である「土壌の生物性」（前述）については，農林水産省委託プロジェクト（通称，eDNA プロジェクト：2006-2010）で開発された土壌 DNA 解析技術が診断技術の開発に大きく貢献したと考える．これらの DNA 解析技術が，全ての土壌病害の診断，対策に有効であるとは必ずしも言えないものの，これらの技術が土壌病害の研究に大きく貢献していることは明らかであることを強調したい．それは，古くから，土壌病害の研究では，病気の発生や防除資材の効果に関して，しばしば土壌生物性の関与が論議されていたが，それに対してデータを基に議論ができるようになったからである．たとえば，ある現象についての論議の中で，「予想どおり，細菌（相）が低下しているようだ」，「いや予想していたほど，優先菌相の大きな変化はない」など，科学的に議論できるようになったことは，診断，対策技術の開発を効率的に進める上で役立つことは明らかであろう．

4. eDNA プロジェクト

　持続的農業推進のため土壌肥沃性を維持し，かつ土壌病害を抑制するために，土壌の物理性・化学性の解析は行われていたが，土壌生物性の解析は著しく遅れていた．そこで，農林水産省委託プロジェクト「土壌微生物相の解明による土壌生物性の解析技術の開発」（eDNA プロジェクト）（2006-2010）では，熟練を要せず，誰もが比較的簡単に様々な微生物（相）を解析できる手法として，生物に共通の DNA を用いた解析技術の開発を目指した．基幹技術としては，開発後に，比較的低コストでどこでも解析ができると考え，変性剤濃度勾配ゲル電気泳動（PCR-DGGE）の活用法を検討し，細菌，糸状菌，線虫相を解析するマニュアル（PCR-DGGE マニュアル）が作成された（大場と岡田，2008；森本・星野，2008；Hoshino and Morimoto, 2008, 2010）．次に，このマニュアルを用いて，国内各地の様々な土壌タイプの圃場で，マニュアルの有効性がテストされた．

　本プロジェクトの最大の成果の一つは，DNA 解析が難しく，かつ日本の畑地の 46％を占める火山灰土壌である黒ボク土に対してもマニュアルが有効であるこ

とが明らかになったことである．黒ボク土は世界的には少ないことから，黒ボク土の DNA 解析技術の開発は日本発の成果であり，国内の種々なタイプの土壌の生物性を誰もが比較簡単に解析できる共通マニュアルができた事例はおそらく世界初と考える．さらに，本プロジェクトでは，各地の研究者が解析し，収集した情報を広く多くの研究者に利用してもらうために，農耕地 eDNA データベース（eDDASs：eDNA Database for Agricultural Soils）を構築し，公開した（對馬，2011）．eDDASs には全国で収集された 3,000 以上の圃場の栽培方法，土壌理化学性，生物性に関する情報がデータベース化されている．これらの蓄積されたデータを基に，全国の黒ボク土の細菌相，糸状菌相，線虫相に及ぼす要因の解析が行われた（Bao et al., 2012, 2013）．こうした研究は，決して一人の研究成果からは得られない成果である．複雑系である「土壌微生物の世界と植物の生育との関係」を集合知で解析する一つのツールとして役立つと期待しており，土壌微生物に関するこうしたデータベースも国内だけでなく，世界的に例がないのではないかと考えている．

　なお，このプロジェクトから，土壌病害と土壌微生物（相）との間に興味深い関係性が見出されている（表 6.1）．たとえば，関口ら（2011）は，30 年間病害未発生の圃場から，百町ら（村上ら，2012）は，特定の病原菌を繰り返し接種して作成した発病抑止土壌から，ともに病原菌を抑制する複数の糸状菌が PCR-DGGE で検出されることを報告している．また，特定の微生物ではなく，微生物相・多様性が病害管理の指標になりそうな事例も得られている．村上ら（2011）は，アブラナ科野菜根こぶ病に防除効果の高い農薬の処理区と無処理区で糸状菌相をクラスター分析で明瞭な差がでることから，糸状菌相で農薬の残効性を評価できる可能性を示唆している．これが可能であれば，圃場によっては，農薬の使用削減ができる可能性がある．一方，長野県の藤永ら（2013）は，セルリー萎黄病で，しばしばクロルピクリン処理をすると防除効果がみられない圃場の糸状菌の多様性の変動を調べた結果，クロルピクリン処理前と処理 1 カ月後の多様性指数の回復程度が遅い圃場では発病しやすい傾向が見られた．多様性指数を基に圃場の発病危険度を評価して，対策を考える必要があると提案している．

表 6.1 各種プロジェクトで得られた土壌病害の発生と土壌微生物の関係

病害名	解析手法	得られた知見	指標候補微生物	文献
1. eDNAプロジェクト成果				
トマト褐色根腐病	PCR-DGGE	30年間、未発生土壌から特異的な糸状菌が2種検出された。それらは病原菌に拮抗能を示した。	特定微生物（2種の拮抗菌）	関口ら（2011）
ハツカダイコンの病原菌	PCR-DGGE	*Rhizoctonia solani* AG-1と*Sclerotium rolfsii*を連続接種することで生じた土壌衰退現象を示す土壌から接種菌の生育を抑制する糸状菌が検出された。	特定微生物（2種の拮抗菌）	村上ら（2012）
アブラナ科野菜根こぶ病	PCR-DGGE	糸状菌相のクラスター解析により薬剤の残効性を評価できることが示唆された。	糸状菌相	村上（2011）
セルリー萎黄病	PCR-DGGE	クロルピクリン処理前と処理1ヶ月後の糸状菌多様性の比率から圃場の発病危険度を評価できることが示唆された。	糸状菌多様性	藤永（2015）
2. レギュラトリーサイエンス事業				
ハクサイ黄化病	PCR-DGGE	前作収穫後（9-10月）の黄化病菌と翌年の黄化病の発病程度の間に正の相関が認められた。	特定微生物（黄化病菌）	長瀬ら（2015）
同　発病助長線虫（キタネグサレセンチュウ）	PCR-DGGE	・前作収穫後（9-10月）の黄化病菌と翌年の黄化病の発病程度の間に正の相関が認められた。 ・前作収穫後（9-10月）の一般線虫多様性と翌年の黄化病の発生程度との間で強い負の相関関係が見られた。	・特定微生物（キタネグサレセンチュウ） ・一般線虫多様性	長瀬ら（2015）

　なお，これらの研究の成果を基に，農林水産省レギュラトリーサイエンス新技術開発事業「ハクサイ土壌病害虫の総合的病害虫管理（IPM）体系に向けた技術確立」（2010-2012）で本格的に，病原菌と発病助長線虫の DNA 診断と発病との関係が調べられた．その結果，PCR-DGGE による前年度収穫後の病原菌密度とキタネグサレセンチュウと翌年のハクサイ黄化病の発病とに高い相関があること，一般線虫の多様性と発病に負の相関があることが明らかになった（表 6.1, 長瀬ら, 2015）．この結果と，土壌理化学性，前年度発病，土壌タイプなどを合わせてハクサイ黄化病の診断マニュアルが作成されている（ハクサイ黄化病の次世代土壌診断マニュアル, 2013）．

5. 農林水産省委託プロジェクト「土壌病害虫診断技術の開発」

2011年にスタートした本プロジェクト（「気候変動に対応した循環型食料生産等の確立のための技術開発」（土壌病害虫診断技術等の開発）（2011-2013））で，著者らは，前述したように，病害の発生予測に依存しない土壌病害管理「ヘソディム」を提案した．ヘソディムは，ヒトの健康診断のように，圃場を予め診断し，それによって発病ポテンシャル（発病しやすさ）をレベルに分けて求め，そのレベルに応じて対策を講ずるものである．ヒトの健康診断では，医師は血液検査等の結果から病気の発生（時期，程度）を正確に予測することはできないものの，得られた結果と診断項目毎の基準値を基に投薬の要否等を判断して予防に多大な貢献をしていると考える．ヘソディムはこの考え方を参考にして，圃場の診

図6.1　ヘソディムマニュアル

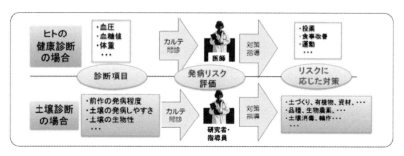

図 6.2 ヘソディムの概念（ヘソディムマニュアルより）

断を基に予防を徹底するもので，一種の予防的 IPM の一つとも考えている（Tsushima, 2014）．本プロジェクトでは，ヘソディムの共通マニュアル（図 6.1）が作成され，それを基に，現在様々な土壌病害についてヘソディムマニュアルが開発されている．ヘソディムの概念を図 6.2 に示した．本システムは下記の 3 つのステップから構成されている．

a) 第 1 ステップ（診断ステップ）：生産者による圃場の診断票の作成

栽培前に，圃場毎に，対象病害に必要な診断項目（品種名，前作発病度，PCR-DGGE 解析結果，Dose-Response Curve（DRC）診断結果など）を調べ診断票に記載する．重要なのは，「問診」（聞き取り）を重視している点である．この問診や発病の状況を観察することにより，土壌サンプル地点を考えることが必要になる．

b) 第 2 ステップ（評価ステップ）：発病ポテンシャルの評価

診断結果と過去の診断票の記録を基に，圃場の発病ポテンシャルを評価し，発病ポテンシャルのレベル（レベル 1,2,3）を評価する．

c) 第 3 ステップ（対策ステップ）：発病ポテンシャルに応じた対策

第 2 ステップで評価された発病ポテンシャルレベルの対策リストから，経済性，作業効率等を考慮して，最適な対策技術を選抜する．

ヘソディムの特徴は，以下のように整理することができる．

a)「診断」「評価」「対策」がセットになっているシステムである

前述したように，これまで開発された優れた診断技術や防除技術を圃場の状況

に応じて最適な組み合わせで使い，安全・安心だけでなく，低コスト，高収益の農業を実現できたらと考え提案した．したがって，かりに，すぐれた診断技術や防除技術があっても，ヘソディム用に再検討される必要がある．

b) 既存技術が利用できる可能性が拡大，既存技術の再利用が可能になる

従来，発病が低い時に高い防除効果を発揮する有機資材，農薬，生物農薬は多く報告されている．ヘソディムでは，発病ポテンシャルのレベルが1, 2の場合に，これらの技術を取り入れることにより，防除メニューが増加し，低コストで最適な圃場管理が実現できればと考える．

c) 診断票により，生産者が圃場を誰よりも詳しくなる

診断・評価・対策の結果を診断票に蓄積することにより，圃場の性質を生産者自身が誰よりも詳しくなり，診断・対策の精度が向上することが期待される．これにより，自分の圃場を管理してより安全・安心でかつ高収益な農業生産を目指す生産者が増えることを期待したい．

一方で，ヘソディムを実際に動かすためには，以下の課題があり，この点を今度さらに検討し充実させる必要がある．

(1) 病害毎のヘソディムマニュアルの作成

各種作物の病害ごとのマニュアルを作成する必要がある．

(2) 指導員の養成

ヘソディムは原則圃場単位で，対策を講ずるものであるので，従来のように公的機関だけですべての圃場について指導するのは困難である．そのため，ヘソディムでは，マニュアルを作成する公的機関の研究者との連携のもとで，直接生産者の相談に対応する指導員の養成が必要と考える．

(3) 各種受託事業の充実

土壌 DNA 解析，土壌の発病抑止性/発病助長性診断（DRC 診断と称す）などを迅速に行う受託企業が必要である．また，これまで公的機関が対応してきた選択培地や生物検定による病原菌の検出などについても受託事業として企業に依頼することが必要になっていると考える．

(4) 圃場の観察，問診を重視した柔軟な対応

ヘソディムマニュアルは一部の病害で作成されたばかりである．したがって，

現在，マニュアルがない病害が発生した場合には，従来のカレンダー防除を行うことが重要である．圃場で複数の病害が発生した場合には，「カレンダー防除」と「ヘソディム」による管理を行うなど柔軟な対応が必要である．

マニュアルに書かれていることはあくまでも代表的な項目や方法が記載されているにすぎない．基本的には，圃場の観察結果等をもとに，マニュアルを圃場に合わせて，改変して使うことも重要である．たとえば，研究会等では，土壌DNA調査のためのサンプリング場所，サンプリング数について聞かれることがあるが，圃場の観察を基に，発生が最も多い箇所や，平均的な発生の箇所など，診断の目的に応じて，臨機に対応することが必要である．このように，「生産者自らが圃場の発生状況を観察すること」がヘソディム推進で最も重要なことである．

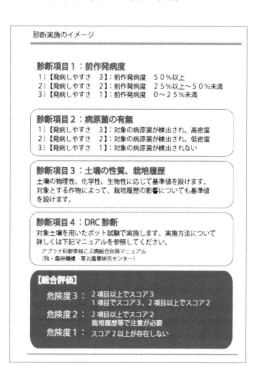

図6.3　診断のイメージ
（ヘソディムマニュアルより）

6. ヘソディム的取り組みの現状

(1) 共通マニュアルの作成（農業環境技術研究所, 2013）

一例として「診断」について紹介する．図6.3は診断項目のイメージを示したものである．土壌病害に比較的共通すると思われる4項目，「前作発病度」，「病

第6章 土壌DNA診断を活用した新しい土壌病害管理　（ 103 ）

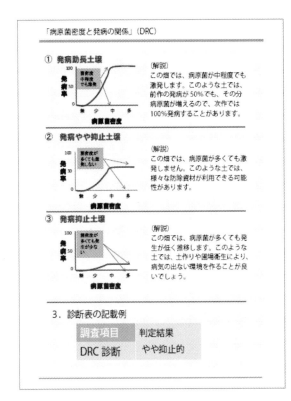

図6.4　DRC診断による評価のイメージ（ヘソディムマニュアルより）

原菌や病気の助長菌，抑制菌」，「微生物多様性」および DRC（Dose-response curve）診断を選んだ（Tsushima, 2014）．実際には，病害毎に最適な項目の追加，修正等が必要である．

　ここでは DRC 診断を診断項目として掲載した（図6.4）．一般に，土壌病害では，病原菌量が同じでも「土壌」や「作物（品種）」や「病原菌」の組み合わせによって病原菌量と発病度の関係が異なることがある．そのため，最適な防除技術を選定しようとする際に，「この栽培条件では，病原菌がどのくらい生存していると，どのくらい発病するのか（発病抑止性，発病助長性）」を大まかに把握しておく必要がある．DRC を単に実験室内で求める研究は古くからあるが，ここで提案する「DRC 診断」は固有名詞であり，「対象圃場の土壌（生土）」と「圃場由来の病原菌」と「圃場で栽培されている作物（品種）」の組み合わせた実験か

ら得られるものである．実際には，それらを供試してポット試験で実施する（Tsushima, 2014）．3年間実施した，ポット（DRC）試験と発病と病原菌密度の関係を調べた圃場試験の比較試験の結果，DRCの値は圃場における病原菌量と発病の関係をある程度反映していた（Tsushimaら，2010）ので，大まかな圃場の発病助長性/抑止性の診断に活用できると判断した．なお，DRCデータについては，1990年代に村上らが中心となってアブラナ科野菜根こぶ病で，東北各県の協力により多数のデータを収集している（村上ら，2000：東北農業研究センター，2003a,b）のでご欄いただきたい．病原菌量と発病度の関係が，同じ作物でも土壌によって異なることや，同じ土壌でも作物によって異なることなどがわかる．

(2) 病害毎のマニュアル（ヘソディム　2014）

　マニュアルには，トマト青枯病（兵庫県立農林水産技術総合センター），ショウガ根茎腐敗病（高知県農業技術センター），レタス根腐病（長野県野菜花き試験場），ダイズ茎疫病（富山県農林水産総合技術センター），アブラナ科野菜根こぶ病（近畿中国四国農業研究センター），ブロッコリー根こぶ病（香川県農業試験場），キャベツ根こぶ病（三重県農業研究所）が掲載されている．以下に，それらを簡単に紹介する．

　トマト青枯病マニュアルの最大の特徴は，土壌下1mの病原菌の有無を調べていることであろう．これまで，青枯病菌は下層土にも生存していたことから，それをDNA診断等により土壌に着目した点は大きな前進である．

　ショウガ根茎腐敗病においては，PCR等のDNA解析手法では低い密度の病原菌を検出できないことから，検出感度の高い補足法を用いて病原菌の有無を調査している点がこのマニュアルの特徴である．補足法は，汚染土壌表面にトウモロコシ粒を置き一度病原菌を汚染させた後，その汚染粒を寒天培地上で培養することで，粒から伸びてくる病原菌の有無を調べるものである．この結果と前作発病度等から「発病しやすさ」を評価している．

　レタス根腐病においては，3つの診断項目で評価がなされている．DNA解析による多様性指数やDNA量（生物量を反映）を診断・対策に活用している．また，このマニュアルでは，生物性だけでなく，土壌の化学性も含めた土壌管理が重要であることも強調している点に特徴がある．

ダイズ茎疫病では，最も深刻な問題として，排水性の評価とそれに応じた対策が重要となっている．そこで，診断項目として「過去および地域の発生」，「排水性」，「播種様式」等があり，病原菌の検出についてはこのマニュアルでも生物検定である茎挿し法を推奨している．対策としては，「排水対策」，「適正な播種深度」が重要であるとしている．

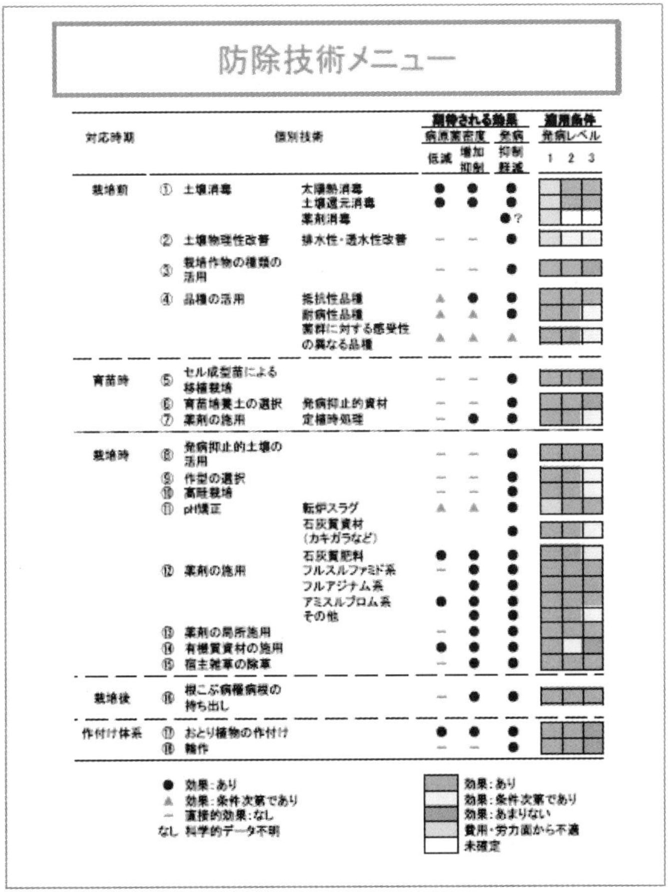

図6.5 アブラナ科野菜根こぶ病における発病ポテンシャルレベル毎の防除技術
（ヘソディムマニュアルより）

これまでの研究成果が豊富なアブラナ科野菜根こぶ病については，3 機関がそれぞれ「アブラナ科野菜全般」，「ブロッコリー」，「キャベツ」を対象に検討した．近畿中国四国研究センターでは，DRC 診断の利用法をわかりやすく解説し，過去の成果も含めて，発病ポテンシャルのレベル毎の防除技術を整理した（図6.5）．これほど多くの防除技術をレベルに応じて整理した例はない．他の土壌病害の対策を考える上でも役立つと考える．前述したように，過去の研究から，多発時には防除効果が低くても少発時には高い技術についても，ヘソディムではレベル1，2で活用できる可能性がある．今後，過去の文献を再度検討することで，新規の技術開発に時間と労力をかけずに防除メニューを増やすことができると考える．香川県では，ブロッコリー根こぶ病について 4 項目で診断を行っており，とくに『診断票』の作成を重視している．ヘソディムでは，『診断票』は「評価の精度向上」だけでなく，「指導員と生産者のコミュニケーション」に重要な役割を果たすものである．加えて 5 年後，10 年後に過去を振り返って，診断・対策に役立てることが重要である．三重県では，マニュアルの冒頭に，病害防除を火事にたとえて，「大火事では，バケツの水をかけても無駄」など，圃場の発生状況に応じた的確な防除の必要性をわかるように工夫している．マニュアルの見せ方も重要であることがこのマニュアルを通じて実感した．評価では，多数の評価項目に詳細な基準を設け，排水等を考慮した独自の評価を行っている．また，根こぶ病菌の検出には従来蛍光顕微鏡が使われていたが，現在，DNA 解析（LAMP 法）による診断の可能性も検討している．

　なお，現在，他の病害についても，農林水産業・食品産業科学技術研究推進事業「次世代型土壌病害診断・対策支援技術の開発」（2014-2016）において，各県でマニュア作成が行われている．

7. まとめ・今後の展望

　これまで，ウイルス病や種子伝染性病害などに比べ，土壌病害では，DNA を用いた診断技術の開発が遅れていたが，前述のeDNAプロジェクト後に飛躍的に進展したと考える．一方で，病原菌以外の細菌，糸状菌，線虫の微生物相の解析を診断，対策に活用している点については，逆に他の病害をリードしていると言える

であろう．最近になり，土壌病害においても DNA を用いた病原菌の特異検出技術や，リアルタイム PCR を活用して定量的解析技術もが報告されるようになってきた (Inami et al., 2010：浦嶋ら, 2013)．さらに，注目すべき点としては，黒ボク土からの RNA 検出技術も開発されたことである（Wang et al., 2012）．今後，DNA では解析が不可能である「生きている微生物の把握」や，「機能している遺伝子の解析」など可能になることが期待される．このように考えると，eDNA プロジェクトの成果は，なんといっても「土壌微生物分野」と「病理分野」の協働によるものであることを忘れてはならないであろう．今後も，他の分野も加えた異分野融合が進むことが望まれる．

図 6.6 にヘソディムの普及に必要な関連事業等を整理した．これから明らかなように，ヘソディムの普及のためには，病害マニュアルの追加と，それに活用できる有効な防除技術，診断技術の開発，発掘が必要であることはいうまでもないが，同時に，公的機関との連携の基に，指導者の育成，生産者の教育などが必要

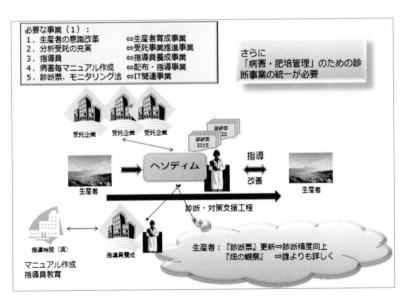

図 6.6　ヘソディムの普及に必要な関連事業のイメージ

である．加えて，関連した DNA 解析，DRC 診断，生物検定による病害の特異検出などの受託事業化も今後は重要になると考える．DNA 解析の事業化については，現在進行中のプロジェクトでも検討しているが，その取り組みの中から，生産者の負担を軽くするためには，土壌病害のための土壌診断と肥培管理のために従来から実施されている土壌理化学性の診断事業の融合も必要と考える．

謝　辞

　本研究は，農林水産省委託プロジェクト「土壌微生物相の解明による土壌生物性の解析技術の開発」（eDNA プロジェクト）（2006-2010），同レギュラトリーサイエンス新技術開発事業「ハクサイ土壌病害虫の総合的病害虫管理（IPM）体系に向けた技術確立」（2010-2012），同委託プロジェクト「気候変動に対応した循環型食料生産等の確立のための技術開発」（土壌病害虫診断技術等の開発）（2011-2013），農林水産業・食品産業科学技術研究推進事業「次世代型土壌病害診断・対策支援技術の開発」（2014-2016）の助成を受けたものである．

引用文献

アブラナ科野菜根こぶ病 DRC データ集 ver1.0　2003a．独立行政法人農業技術研究機構東北農業研究センター，pp.30, 福島市

アブラナ科野菜根こぶ病総合防除マニュアル　－研究者・指導者用技術マニュアル－ 2003b．独立行政法人農業技術研究機構東北農業研究センター，pp.38, 福島市

Bao, Z., Y. Ikunaga, Y. Matsushita, S. Morimoto, Y.T. Hoshino, H. Okada, H. Oba, S.Takemoto, S. Niwa, K. Ohigashi, C. Suzuki, K. Nagaoka, M. Takenaka, Y. Urashima, H. Sekiguchi, A. Kushida, K. Toyota, M. Saito and S. Tsushima 2012. Combined analyses of bacterial, fungal and nematode communities in Andosolic agricultural soils in Japan. Microbes Environ. 27: 72–79.

Bao, Z., Y. Matsushita, S. Morimoto, Y.T. Hoshino, C. Suzuki, K. Nagaoka, M. Takenaka, H. Murakami, Y. Kuroyanagi, Y. Urashima, H. Sekiguchi, A. Kushida, K. Toyota, M. Saito and S. Tsushima 2013. Decrease in fungal biodiversity along an available phosphorous gradient in arable Andosol soils in Japan. Can. J. Microbiol. 59: 368–373.

ハクサイ黄化病の次世代度所病害診断マニュアル －指導者向け– 2013.農業環境技術研究所．つくば市.

藤永真史（2013）．土壌微生物情報を利用した土壌病害防除の可能性．土と微生物 69(2):97–99.

Hoshino, Y.T. and N. Morimoto 2008. Comparison of 18S rDNA primers for estimating fungal diversity in agricultural soils using polymerase chain reaction-denaturing gradient gel electrophoresis. Soil Sci. Plant Nutr. 54: 701–710.

Hoshino, Y.T. and S. Morimoto 2010. Soil clone library analyses to evaluate specificity and selectivity of PCR primers targeting fungal 18S rDNA for denaturing-gradient gel electrophoresis (DGGE). Microbes Environ. 25: 281–287.

Inami K, C. Yoshioka, Y. Hirano, M. Kawabe, S. Tsushima, T. Teraoka and T Arie 2010. Real-time PCR for deifferential determination of the tomato wilt fungus, *Fusarium oxysporum* f.sp. *lycopersici* and its races. J Gen Plant Pathol, 76, 116–121.

健康診断に基づく土壌病害管理　ヘソディム　2014．独立行政法人農業環境技術研究所発行, pp.122, つくば市

森本晶・星野 (高田) 裕子 2008. PCR-DGGE 法による土壌生物群集解析法 (1)一般細菌・糸状菌相の解析．土と微生物 62：63–68.

村上弘治 2011. 根こぶ病防除薬剤の施用が土壌微生物群集に与える影響のPCR ― DGGE 法による評価．植物防疫 65：7–10.

村上弘治・仲川晃生・百町満朗・岡紀邦・浦上敦子 2012．土壌病害防除における最近の知見と動向　土肥学誌　83：69–73.

長瀬陽香・丹羽理恵子・松下裕子・池田健太郎・山岸菜穂・串田篤彦・岡田浩明・吉田重信・對馬誠也 2015．圃場におけるハクサイ黄化病発生程度と PCR-DGGE 法に基づく土壌微生物相の関係．日植病報 81: 9–21.

大場広輔・岡田浩明 2008. PCR-DGGE 法による土壌生物群集解析法 (2) 土壌線虫相の解析.土と微生物 62：69–74.

関口博之 2011．ミニ特集　新たな土壌診断技術　トマト褐色根腐病発病履歴が異なる土壌における微生物群集のPCR-DGGE 法による評価.植物防疫　65:465–468.

對馬誠也 2000．病害分野における IPM の取り組みと問題点．東北農業試験場総合研究（Ａ）19：15–22.

對馬誠也 2001．IPM の中における生物防除　―現状と展開―．日本植物病理学会バイオコントロール研究会報第 7 巻：1–13.

S. Tsushima 2010. A Practical Estimating Method of the Dose-Response Curve between Inoculum Density of Plasmodiophora brassicae and the Disease Severity for Long-term IPM Strategies. JARQ Vol.44: 383–390.

對馬誠也 2011．ミニ特集：新たな土壌診断技術 総論 ―eDNA プロジェクトの成果と PCR-DGGE 法による土壌診断―．植物防疫第 65 巻第 8 号: 1–6.

Tsushima, S. and S. Yoshida 2012. A new health-checkup based soil-borne disease management (HeSoDiM) and its use - Introduction of MAFF project (2011-2013) – TUA- FFTC international seminar on emerging infectious diseases of food crops in Asia. Abstract.

Tsushima, S. 2014. Integrated control and integrated pest management in Japan: the need for various strategies in response to agricultural diversity. J Gen Plant Pathol, 80:389–400.

對馬誠也 2015．土壌 eDNA 診断技術の現状と展望．土と微生物　第 69 巻, 2 号：75–79.

浦嶋泰文・唐澤敏彦・長岡一成・橋本知義 2013. *Fusarium oxysporum* のリアルタイム PCR による検出．土肥学誌, 84（4）, 299～301.

Wang Y, K. Nagaoka, M. Hayatsu, Y. Sakai, K. Tago, S. Asakawa and T. Fujii 2012. A novel method for RNA extraction from Andosols using casein and its application to amoA gene expression study in soil. Appl. Microbiol. Biotechnol ., 96(3), 793–802.

第7章
水田生態系の中の放射性セシウム
— 伊達市の水稲試験栽培3年間の記録 —

根本圭介
東京大学大学院農学生命科学研究科

1. はじめに

　平成23年3月の福島第一原子力発電所事故により福島県の農地は広範な被ばくを受けた．漏出した放射性核種のうち漏出量の多かったのがセシウム137とセシウム134の2種の放射性セシウムであるが，とくにセシウム137は半減期も30.2年と長いことから長期にわたって福島農業の障害となる恐れがある．県全体の農業生産額の4割を占める米についてみても，今回の原発事故により，局所的ではあるが県北を中心に高濃度のセシウム吸収が発生し，セシウム吸収の低減に向けた対策の早急な確立が求められてきた．筆者らも栽培学の立場から，原発事故当年より福島県でのフィールド調査を通じて，微力ではあるが稲作復興のお手伝いをしてきた．イネは水生植物として，養分吸収を含めた生理生態的特性が特殊化している上に，水田生態系そのものが物質循環に関して独自の特徴を持つことから，チェルノブイリ事故の類推だけでは解決できない独自の現象が起こっている可能性もある．ここでは，3年半にわたるモニタリングの結果を踏まえ，こうした問題を考えてみたい．なお，本稿で紹介する筆者らの知見は，過去11回にわたって本研究科が行ってきた公開報告会「放射能の農畜水産物等への影響についての研究報告会」の中で報告してきたものである（根本, 2011; 根本 2012a; 根本

2012b; 根本, 2014). 各回の具体的内容は本研究科のホームページで公開されているので, 詳細についてはそれらをご覧いただきたい(http://www.a.u-tokyo.ac.jp/rpjt/index.html).

2. 放射性物質の作物への移行経路

福島第一原子力発電所水素爆発が起きた3月12日から数えて6日目にあたる3月18日に茨城県高萩市産のホウレンソウなどに高濃度の放射性ヨウ素が検出されて以降, 様々な農作物から放射性ヨウ素やセシウムによる汚染が見出されてきた. 一般に放射性物質の作物への経路は, 「直接経路」と「経根吸収経路」の2つに大別される. 「直接経路」は大気中から降下した放射性物質が直接植物体の表面に付着するものであり, 放射性物質が大気中へ漏出して間もない時期の主要な経路となる. 上述のように, 原発事故直後にホウレンソウを始めとする農作物に検出された放射性物質は直接経路によるものである. 一方「経根吸収経路」は, 環境中に降下した放射性物質がいったん土壌中に移動した後に作物根を通して吸

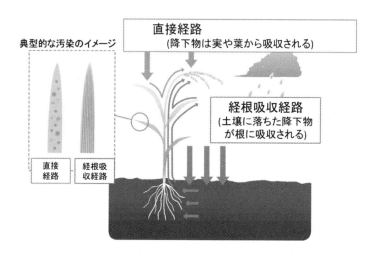

図 2.1 作物における放射性物質の吸収経路
出典：東京大学・大学院農学生命科学研究科 "「農業環境」と「食の安全」を対象とした放射線の実践教育プログラム" 講義用資料集 (一部改変).

収されるもので，直接経路とは異なり，放射性物質の漏出後もかなりの長期にわたって作物汚染をもたらす．今回の農作物の汚染のうち，現在も続いているものの大半はこの経根吸収経路によるものと考えられる（図2.1）．

この経根吸収には放射性物質の土壌中での挙動が大きく関係する．セシウムのように土壌への吸着・固定が顕著な元素であっても土壌への降下直後は比較的自由に土壌中を移動できるが，時間の経過とともに土壌への固定・吸着が徐々に進行し，その結果として植物への移行が低下していくことになる．この土壌への固定・吸着の強さは土壌中に存在する粘土鉱物の種類によって大きく異なる．粘土鉱物は，その構造によって1:1型粘土鉱物と2:1型粘土鉱物に大別されるが，セシウムの固定能力は2:1型で高く1:1型では低い．セシウム固定能力の高い2:1型粘土鉱物は，岩石成分のうちの雲母の化学的風化によって形成される．したがって，母岩中に雲母が多く含まれると，降下したセシウムの大半が雲母由来の粘土鉱物に固定されてしまい，その結果作物には僅かのセシウムしか吸収されないで済むことになる．

土壌によるセシウムの固定・吸着が植物へのセシウム移行を実際どの程度にまで抑制しているかということは，植物へのセシウム移行を水耕と土耕で比較してみるとよく分かる．試しに筆者も今回降下した放射性セシウムを含む水耕液でイ

図2.2　水耕条件におけるイネの放射性セシウム吸収（根本, 2012a）

ネを水栽培してみたが，1リットルあたり1ベクレルという低濃度の水耕液でも茎葉部に600ベクレル/kg（乾物）に近い高濃度の放射性セシウムが蓄積した．これは実に土壌からの吸収の数千倍の効率に相当する（図2.2）．土壌から作物への放射性セシウム移行を防止する目的で，しばしば野菜の水耕栽培が被災で推奨されるが，植物にとって水からのセシウム吸収は土壌からの吸収とは較べものにならないほど容易であることを考えると，水耕栽培を行う際には用水の放射性セシウム汚染にとりわけ注意が必要であろう．

3. 事故当年（平成23年）におけるコメへのセシウム移行

では福島の農耕地土壌はどうなのだろうか．福島の，とくに平坦地の土の主相をなす灰色低地土は幸いにして雲母由来の 2:1 型粘土鉱物を含む土壌が多く，そのため，農地に降下した放射性セシウムは土壌に強く吸着された．これは，福島の農耕地土壌の母材が古い時代の花崗岩であることが多く，花崗岩に多量に含まれる雲母が風化をうけて 2:1 型粘土鉱物となってきたためである．福島の土壌のこうした特性のおかげで，各種作物における放射性セシウムの経根吸収は規制値（事故当年は 500 ベクレル/kg）を遙かに下回る場合が多かったのは，不幸中の幸いであった．実際に筆者らも，県の農業試験場からの要請を受けて事故翌月から郡山市にある試験場圃場において農産物のモニタリングを開始したが，直接経路で汚染されたと考えられるサンプルを除くと，イネの茎葉（この時点ではイネはまだ生育途中であった）を含む大半の品目が検出限界以下か，それに近い濃度のセシウムしか示さなかったことに拍子抜けしたほどであった．このような状況を踏まえ，我々を含む大半の研究者・技術者は，その年の秋に収穫される米のセシウム汚染はさほど心配しなくてよいレベルに落ち着くだろうと楽観視した．事実，米の放射性物質調査（予備調査）が半分終了した9月中旬の時点において，大半の調査地点で玄米のセシウム濃度は検出限界以下であり，最高でも当時の規制値（500 ベクレル/kg）の4分の1程度に収まるかに見えた．この時点で，福島県は米の安全宣言を出した．

しかしその直後，一部の山間地域（二本松市小浜地区，福島市大波地区，伊達市小国地区など）から 500 ベクレル/kg に近い，あるいはこれを超える玄米が多数

収穫され，事態は一転した．これらの水田でのイネの放射性セシウム吸収を郡山の平坦地などと比較してみると百倍あるいはそれ以上と桁違いに大きいものであったが，このような異常なセシウム吸収の原因をチェルノブイリ事故の知見から類推することは困難であった．最終的に，こうした規制値越えが見られた地域では，当該水田を含む地区全体が翌年の作付けを禁止されることとなった．

4. 翌年（平成 24 年）の対応

こうして，コメに 500 ベクレル超のセシウムが検出された地域の多くは平成 24 年産米の作付けが制限されることになった．その後いろいろと紆余曲折があったが，本学の長澤農学部長（当時）の提言もあり，作付け制限区域であっても市町村による試験栽培だけはなんとか実施できることになった．

栽培に先立って示された試験の基本的な方針は，放射性セシウムの吸収低減資材であるカリ肥料の効果の確認であった．土壌中の粘土鉱物の種類が植物によるセシウムの吸収に大きく影響することを述べたが，植物のセシウム吸収に大きく影響する土壌の要因が他にもある．それは，土壌中に植物が吸収可能な形態のカリウムがどの程度含まれているか，ということである．植物にとってセシウムは自らにとって必要な元素ではない．セシウムは，植物の必須元素の 1 つであるカリウムと化学的性質がよく似ていることから，土壌中にセシウムがあると植物はカリウムと間違えて吸収してしまうのである．植物によるセシウムのこうした"誤飲"は，土壌中に吸収可能なカリウムが少ないほど起こりやすいとされる．農水省が中心となって行った，事故当年における規定値越え米の要因検討でも，玄米のセシウム濃度が 500 ベクレルを上回った水田の多くは土壌中の"交換性カリウム"（土壌コロイドの表面に電気的に吸着されているカリウムイオン．植物が吸収可能なカリウムの目安とされる）が極端に少ない水田であったことが確認され（平成 23 年 12 月），さらに，農研機構で維持管理されてきたカリ肥料の長期無施用圃場においてカリ施用がイネのセシウム吸収を大きく抑制することが実証されるに至って，土壌中の交換性カリウムの濃度とイネのセシウム吸収との関係は疑いのないものとなった（平成 24 年 2 月）．

こうした土壌中のカリウムと植物によるセシウム吸収との関係は以前より知ら

れてきた．実は，我々も事故当年に福島県の農業試験場と共同でイネのセシウム吸収に及ぼすカリウム施肥の影響を調査していた．その時には通常のカリウム施肥と通常の 3 倍量のカリウム施肥を比較したのだが，イネのセシウム吸収がカリウムの増肥の影響をほとんど受けなかったため，私達は土壌中のカリウムの影響を過小評価してしまった．しかし，小浜や大波のデータを見ると，イネがセシウムを吸収するのは，通常の水田のカリウム濃度の半分にも満たないような，具体的には土壌 100g あたりの交換性カリ濃度が 10mg を下回るような極端な"低カリウム"水田に限られることが示されていた．そこで，試しに 500 ベクレルの玄米が収穫された小浜の水田より持ち帰った土壌に慣行栽培レベルの塩化カリウムを添加してイネをポット栽培してみたところ，カリウム添加によりイネのセシウム吸収は十分の一に抑制され，改めてカリウムの重要性を思い知らされた（根本 2012a）．

事故翌年に行われた水稲試験栽培は，まさにこのカリウムの吸収低減効果を確認するためのものであった．事故当年に米が規制値越えした水田にカリ肥料（塩化加里または硅酸加里）を十分量施用した上でイネを栽培し，期待どおり"きれいな米"が収穫できれば，ひきつづきカリウムを施用しつづけることを条件に翌年（平成 25 年）からの商業栽培を県が許可する，というのが事故翌年の試験栽培だったのである．

5. 伊達市小国地区での試験栽培

しかし，このような試験栽培には問題がある．事故当年の秋には，隣り合った水田の一方が規制値を超え他方は ND，といった現象が各所で見られたが，このような水田の間の吸収要因の違いを明らかにしてはじめてイネのセシウム吸収の機構が分かるというものであろう．すべての水田でのセシウム吸収をカリウム施用によって抑制してしまうと，要因解明の糸口が失われてしまう．さらに懸念されたのは，長期的なモニタリング水田の消失である．いくらカリウム施用がセシウム吸収抑制に効果的であるにせよ，被災地の農耕地に未来永劫カリウムを余計に施用し続けることは非現実的であるし，稲作農家の中には食味その他の理由からカリの減肥を指向してきた農家も少なくない．しかし，いつの時点でカリ施用

による吸収抑制を打ち切るかを見極めるには，農耕地に降下したセシウムが，"慣行的な施肥管理のもとで，いつになったら作物に吸収されなくなるか"を見極めなければならない．そのためには，慣行的な管理のもとでイネのセシウム吸収のモニタリングを続けていかなければならないが，規制値越えした全ての水田に試験栽培と称して多量のカリウムを投入してしまうと，このような慣行栽培条件下でのセシウム吸収の経年変化を追うこと自体が不可能となってしまう．

　事故当年，福島市大波地区や同市亘理地区とならんで規定値越え米が多数収穫された地区の1つに，伊達市小国地区がある．伊達市は震災直後からの危機管理がもっとも手堅かった自治体の1つであるが，伊達市は"あるがままの水田生態系"でのセシウム吸収の調査の意義に理解を示され，我々の提案を全面的に受け入れて下さった．いっぽう小国地区は農協発祥の地という土地柄もあり，福島大学の協力のもとに地域住民組織が独自にモニタリングを行って空間線量マップをつくるなど意欲的な活動を展開していたが，イネのセシウム吸収対策に関しても"低減対策を受け入れるかどうかは水田ごとの吸収要因の解明が前提となるべき"との意見を持っておられたことから，同様に"あるがままの水田生態系"での試験栽培に全面的に賛同してくださった．こうして，東京大学の我々のグループと福島大学の小山グループ，さらには，そのころJA伊達みらいの支援をされていた東京農業大学の後藤グループが連携して，小国地区における伊達市の試験栽培を実施することになった．

図5.1　小国地区の水田風景（根本，2012b）

小国地区は阿武隈高地の北部に位置する丘陵地帯である．南北約 8km にわたって美しい里山が広がっており，その中央には小国川が流れている．ため池も多く，とくに小国川に注ぐ支流の流域にある水田では渇水期に山中のため池の水が多用される．こうした様々な環境の水田 60 枚をお借りし，低減対策を行わず例年通りの施肥管理のもとで試験栽培を行った（図 5.1）．うち 5 枚は通常の試験栽培に準拠し，セシウム吸収の低減資材（ケイ酸加里＋ゼオライト，各 200kg/10a）を全面に施用したが，残りの 55 枚は低減対策を行わず例年通りの施肥管理と水管理を行った．もちろん，カリウムの効果を調べることも重要ではあるため，これら 55 水田も水田の隅の 2 坪を波板で仕切り，ケイ酸加里（200g/m^2）を施用してカリウムの効果を調査した．

6. なぜコメへの異常な移行が生じたか

　こうして迎えた事故翌年（平成 24 年）の収穫だったが，福島市や伊達市の規制値越え水田を対象とした試験栽培の結果は，これらの地域でもカリウム施肥を徹底することによってコメへのセシウム移行は十分に抑制できることを示した．因みに，作付け規制の対象とならずに済んだ地域で収穫された米も，"米の全袋（玄米 30 kg/袋）検査"を受けた総計約一千万袋のうち基準値（100 ベクレル/kg 注 2）を越えた玄米は 71 袋（超過率 0.0007 ％）に止まったが，この成果も，セシウム吸収抑制対策としてのカリウム施用を徹底したためと考えられている．
　もう一点明らかになったことは，規制値越えが見られた地域の土壌特性である．県と農水省の調査によると，福島市や伊達市の規制値越え地域では，土壌に雲母由来の粘土鉱物が少ない傾向があるとのことである．このことと土壌中のカリウム濃度の低さとが相俟って，セシウムの異常な吸収が起こった，というのが県と農水省の結論である．この地域の水田土壌中のカリウム濃度が低いのは，秋に刈り取った藁を土に戻さず牛の餌に利用することが多く，土壌からのカリウムの持ち出し量が多いためであると説明されている（農林水産省・福島県, 2014）．

7. それでも残る"例外的なセシウム吸収"の謎

　このように，福島県と農水省の調査により放射性セシウム濃度の高いコメは発

生する要因はかなりの程度に説明がなされ，平成 25 年度の作付け再開への途が開かれた．しかし，すべての問題が解決した訳ではない．たしかに，事故当年に玄米のセシウム濃度が 500 ベクレル/kg を上回った水田の多くは土壌中のカリウムが極端に少ない水田であったが，一部，カリウム濃度がもう少しで推奨値レベルに手が届くような水田でも 1000 ベクレル/kg を上回る玄米が収穫された事例も存在する．

　セシウム吸収におけるこうした「はずれ値」は，私達の小国地区の試験栽培においても見出された．秋の収穫を経て玄米のセシウム濃度を測定したところ，55 水田のうち 14 水田で玄米が基準値（100 ベクレル/kg）を越えた．その半数以上が土壌のカリウム濃度の低い水田であったが，土壌のカリウム濃度が比較的高濃度であるにも関わらずセシウム濃度の高い玄米が収穫された「はずれ値」もいくつか見出された（図 7.1）．この原因究明のために水田の様々な環境要因を測定したところ，とくに高濃度の玄米が収穫された「はずれ値」水田の用水（山林に囲まれたため池であった）には，驚いたことに 1 リットルあたり 4 ベクレル近い放射性セシウムが検出された．

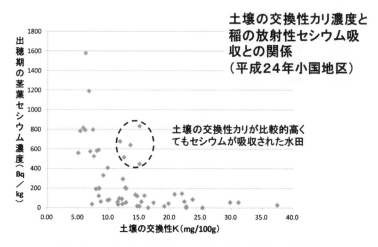

図 7.1　小国地区の試験田における土壌の交換性カリ濃度と稲のセシウム吸収との関係（根本，2012b）

上述の「はずれ値」の原因として用水からのセシウム吸収の可能性を考える上で，用水に含まれる放射性セシウムの形状は気になる点であった．水に含まれる放射性セシウムの形状には，水中にイオンとして溶けている「溶存態」と，浮遊する土壌粒子や有機物などに吸着・固定されている「懸濁態」とがある．一般的に，溶存態セシウムはイネの茎や根から吸収されやすく，かたや懸濁態セシウムは吸収されにくいと考えられてきた（農林水産省・福島県，2014）．しかし，「はずれ値」水田が利用しているため池の水に多く含まれていたのは，溶存態ではなくは懸濁態のセシウムである．そこで，フィルター濾過によって懸濁態セシウムを除去した用水でイネを水耕栽培してみたところ，懸濁態セシウムを除去していない用水を用いた水耕イネに比べて，セシウム吸収量は激減した．このことは，水田に引き入れられた用水中の懸濁物質が，イネへセシウム給源として働く可能性を示唆するものと考えられる．

8. コメへのセシウム移行－水田生態系の特殊性

　ところで，このような潅漑水からの物質流入は水田生態系の持続的な生産性の基盤をなすものである．森林の沢水はカリウムやマグネシウムを多く含み，"水

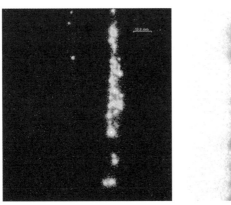 

図8.1 放射性セシウムが降下したコムギ葉のイメージングプレート像
出典：東京大学・大学院農学生命科学研究科 "「農業環境」と「食の安全」を対象とした放射線の実践教育プログラム" 講義用資料集．

肥やし"として水田を肥沃化させる．我々の祖先はこのことを経験的に知っており，上流によい森林を抱えた土地に積極的に水田を作ってきた．こうした水田生態系の特質は「稲は土で取り，麦は肥料で取る」という格言によく表わされてきたが，上記の予想が正しければ，「はずれ値水田」の問題は水田生態系のもつ物質循環の長所が逆に弱点として現れてしまった現象ということになるだろう．

　ここで，一点触れておきたいことがある．前述の水耕実験を行うにあたり，演者らは放射性セシウムが降下した麦の枯れ葉からの溶出を行った．こうした有機物には放射性セシウムがスポット状に付着しているが（図 8.1），溶出実験の結果，このスポット状降下物は熱湯と硝酸で洗い落としても全体の数％しか溶出できないくらい溶けにくいものであることが分かった．こうしたスポット状降下物の化学形態の早急な解明が望まれるが，実際，水田中の有機物や山林の落ち葉にも，こうした難溶性の降下物が今なお多量に残っている（図 8.2）．山林林床の落ち葉が完全に分解されるまでに数年はかかることを考慮すると，それらに付着した放射性セシウムの環境中への溶出は，かなり長期に亘ることが憂慮される．長期的視点に立ったモニタリングを継続していくことが是非とも必要である．

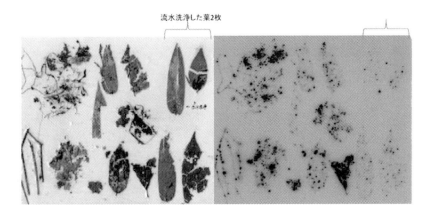

図 8.2　放射性セシウムが降下した林床の落葉のイメージングプレート像
出典：東京大学・大学院農学生命科学研究科 "「農業環境」と「食の安全」を対象とした放射線の実践教育プログラム" 講義用資料集．

9. 試験田－その後の経過（平成25年〜）

　こうして事故翌年（平成24年）の試験栽培は一段落した．小国地区も，試験栽培の結果を踏まえ，翌25年より水稲の作付けができるようになった．しかし，住民組織，市，大学が協議の上，試験田の一部はその後数年間試験を継続し，イネのセシウム吸収の経年変化を調査することにした．具体的には，セシウム吸収の高かった試験田から水系の異なる水田5枚を厳選し，カリウムによるセシウム吸収抑制を行わずに"あるがままの水田生態系"での試験栽培を継続した．試験田は今年（平成27年）からは5枚から3枚に減ったが，基本的には現在もなお継続中である．調査は水田だけでなく，それらが水源としている河川やため池も対象としてきたが，現在，このような総合的なモニタリングを，カリウムによるセシウム吸収抑制を行わずに継続してきた規制値越え水田は，小国地区以外には皆無と聞く．

　この3年間のイネのセシウム濃度の推移をみてみると，数値はほとんど低下していないか，水田によっては玄米のセシウム濃度がむしろ上昇している事例もある．この理由の1つとして，試験田では法令上，藁を含む収穫物はすべて持ち出して焼却処分しなければならないため，年を追うごとに土壌のカリウム濃度が低下してきていることがある．試しに，試験田の一角を波板で仕切って塩化カリウムを施用すると，玄米のセシウム濃度は十分の一程度に低下する．しかし，いずれにしても，土壌中の交換性カリウムが低下すると，今なお200ベクレルを超える玄米が出来ることは疑いのない事実である．

　一方，「はずれ値水田」の原因になった可能性が高い水源汚染は，この3年間で顕著に低下した．現在，小国地区で1リットルあたり1ベクレルを超える放射性セシウムが農業用水から検出されることは皆無であり，ため池の底に堆積した泥土が何かの理由で巻き上げられるようなことがない限り，将来的に農業用水がイネのセシウム給原となる心配はないものと考えられる．

10. おわりに

　原発事故から4年半が経過した現時点において，商業用に生産されたコメに規

制値を超えるセシウムが含まれることは皆無となった．これは，カリウムによるセシウム吸収抑制対策と，出荷に先立つコメの全袋調査が徹底して行われたことの大きな成果である．こうした体制をきわめて迅速に立ち上げるべく奔走された方々のご努力は並大抵のものではなかったはずである．しかし，このことが福島の稲作の放射線被害が解消したことを意味するとは限らない．繰り返しになるが，現在も続いている小国の試験栽培のデータは，当分の間はカリウムによるセシウム吸収抑制対策を継続しなければならないことを示している．上述のように，すでに作付け再開されている地域ではコメのセシウム濃度が規制値を超えることはほぼ皆無となったが，カリウム施用によるセシウム吸収抑制対策を緩めると，再びコメの規制値越えが起こる可能性が高いということである．現実に，昨年（平成 26 年）に収穫された福島市産の米（自家消費用だったという）から，玄米で 200 ベクレルを超える米が収穫されていたことが今年の 7 月にようやく発見されるという騒ぎがあったが，報道によれば，この水田も吸収抑制対策としてのカリ施用をしていなかったとのことである．抑制対策を徹底させるには，農家へのカリウムの無償配布だけでなく，水田への散布作業までを行政自ら責任をもつような体制が望ましい．

　もう一点強調しておきたいのは，こうした継続的なモニタリングの知見が他地域でのイネのセシウム吸収リスクを予測するための基礎資料になるということである．福島全体をみると，これからイネの作付けを再開していく地域が少なくない．これらの地域で作付けが再開されたときのイネのセシウム吸収のリスクを考えるうえで，小国の 3 カ年のデータは重要な判断材料となる．昨年（平成 26 年）の春，筆者は飯舘村の多数のため池を対象に水質調査を行う機会をもったが，飯舘村のため池の水のセシウム濃度の分布は事故翌年における小国地区のため池の状況ときわめて類似していることが分かった．こうした比較から，飯舘村のため池がイネのセシウム給源となるリスクがある程度予測できるだろう．冒頭で述べたように，本稿で紹介した試験栽培の結果の概要は東京大学大学院農学生命研究科のホームページで公開しているので，興味のある方はご覧頂きたい．

　最後になるが，小国の試験栽培は市と地権者の皆さんの並々ならぬご尽力によって成り立っている．小国地区も作付け再開が認められたとは言うものの，風評

被害の問題もあり，いまだに休閑を続けている水田はかなり多い．そのため，集落の中で作付けしている水田が試験田のみといった状況も生じているが，こうした水田で試験栽培を委託させて頂いている農家さんには，試験田のためだけに用水路自体の維持管理までもお願いすることになってしまう．原発事故による農業被害の継続調査は，今後，社会全体の責務として取り組んでいく必要がある．

小国地区試験栽培支援グループ： 野川憲夫，田野井慶太朗，阿部　淳，山岸順子，大手信人，二瓶直登，大山祥平，後藤英和，根本圭介　他　（以上，東京大学），石井秀樹，小山良太，小松知未（以上，福島大学），後藤逸男（東京農業大学）

文献

根本圭介 2011. 放射性セシウムのイネへの移行，
　http://www.a.u-tokyo.ac.jp/rpjt/event/20111119-3-slide.pdf
根本圭介 2012a. 放射性セシウムのイネへの移行（第 2 報），
　http://www.a.u-tokyo.ac.jp/rpjt/event/20120218-3-slide.pdf
根本圭介 2012b. 放射性セシウムのイネへの移行（第 3 報），
　http://www.a.u-tokyo.ac.jp/rpjt/event/2012120805-slide.pdf
根本圭介 2014. 放射性セシウムのイネへの移行（第 4 報），
　http://www.a.u-tokyo.ac.jp/rpjt/event/20141109slide5.pdf
農研機構 2012. 玄米の放射性セシウム低減のためのカリ施用，
　http://www.naro.affrc.go.jp/publicity_report/press/laboratory/narc/027913.html
農林水産省・福島県　2014. 放射性セシウム濃度の高い米が発生する要因とその対策について～要因解析調査と試験栽培等の結果の取りまとめ～（概要　第 2 版），
　http://www.maff.go.jp/j/kanbo/joho/saigai/pdf/kome.pdf

第8章
水環境保全を目指した土壌侵食対策

三原 真智人
東京農業大学地域環境科学部

1. はじめに

　農地では降雨に伴い土壌侵食が発生すると表層土壌が流亡する．この肥沃度の高い作土層の流亡によって農地における土地生産性が低下するため，長い間，生産性の維持が土壌保全研究の中心的課題であった（青野ら，1977）．しかし近年では化学肥料の過剰施肥により，下流域の池沼や河川の水質悪化が深刻化しており，農地からの土壌流亡に伴う肥料成分の流出にも関心が注がれている（竹内，1997）．農業的土地利用形態の中でも土壌と肥料成分の物質収支において，一般に水田は吸収型に働く一方，畑地は排出型に働くことが知られている．特に，畑地では降雨に伴って土壌侵食が発生した場合，土壌流亡に伴って窒素・リン成分の流出が顕著となることが明らかになっている（三原・上野，1999）．水田農業が主体であった時代は農地からの窒素・リンの流出量も少なく，土壌保全の需要は高くなかった．しかし，営農体系の変化，さらに田畑転換や転作等が進み，畑地の比率が増している今日では，水質汚濁の面源とされる畑地からの土壌流亡を抑制することが水環境保全上の課題となっている．

　本章では畑地における土壌および肥料成分や大腸菌の流出に焦点を当て，保全対策とその留意点を述べるとともに，植生帯を用いた土壌および肥料成分や大腸菌の流出抑制に関して一考察を加える．なお，本章は既発表報文（山本ら，2012）を基に作成したものである．

2. 土壌および肥料成分の保全とその留意点

　土壌および肥料成分の流出には土壌，降雨，ほ場条件等の様々な因子が影響を与える．そのためこれらの因子を考慮して，ほ場整備が取り組まれているが（農水省，2007），それにも増して近年では降雨強度の高い豪雨が頻発している．既往の研究では一度の台風で畑地から表面流出する窒素・リン成分が年間の流出量の 20～49 ％を占めたと報告されており（Mihara, 2000），豪雨時に効果的な保全対策に関心が注がれている．

　畑地からの肥料成分の流出を抑制するには，化学肥料の投入量を抑制することが重要となる．特に窒素成分のうち，アンモニア態窒素は土壌粒子に吸着されて表面流出しやすく，土壌粒子に吸着されにくい硝酸態窒素は地下水汚染の原因となるため，これらの抑制には窒素投入量の調整が有効となる．特に近年では環境保全型農業に期待が寄せられ，化学肥料の削減に向けた有機農法が取り込まれている．堆肥は土壌微生物の活性化により，土壌団粒化を促進して耐食性を向上させる一方，比重が小さく，降雨によって流出しやすい特徴を有している．そのため，堆肥を施した試験枠からの肥料成分の流出が化学肥料の試験枠を上回る事例もあり（Siriwattananon and Mihara, 2008），堆肥の施肥方法についても留意が必要である．

　畑地における土壌および肥料成分の流出を抑制する手段には承水路や沈砂池等の設置による土木的対策と，植生帯やマルチング等による営農的対策とがあり，それらの有効性が報告されている．しかし一方で，堆積した土壌の除去等の持続的な維持管理を行わなければ機能が低下する事例も報告されており（仲村ら，2003），今後の土壌保全を考える上では，従来の土壌の捕捉能に加え，肥料成分の捕捉能とその機能の持続性も評価に加えることが望まれる．また，畑地から流出した土壌や有機物が水路や河川で底泥として堆積し，流水の掃流力の増大に伴って再び侵食されることも報告されており（Mihara and Okazawa, 2001），土壌や肥料成分の流出対策には農地レベルと同様に流域レベルでの保全対策の構築も望まれている．

3. 植生帯による土壌および肥料成分の捕捉

　植生帯とは，ほ場の下流端に帯状に設置する植生の緩衝帯を指す（写真-1）．この植生帯は安価で容易にほ場に適用できる有効な保全対策の一つである．しかし，植生帯による土壌および肥料成分の流出抑制には植生幅，草本種，草生密度，管理状況等の様々な因子が影響するので，植生帯の捕捉特性を解明し，適切に評価することが土壌保全対策上，重要となる．

(1) 植生帯に適した草本種について

　先ず，土壌および肥料成分の流出抑制からみた植生帯の草本種について論議を

写真-1　畑地の下流端に設置された植生帯

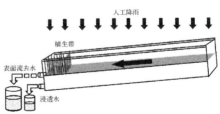

図-1　傾斜模型試験枠の概要

進めていく．実験では傾斜8°に設置した5連小型試験枠（斜面長1.3 m，幅0.11 m，深さ0.1 m）に関東ローム土（土性：LiC）を充填し，下流端に植生帯を配置した（図-1）．

草本種には欧米を中心に適用されているトールフェスク（*Festuca araundinacea*），ケンタッキーブルーグラス（*Poa pratensis*），ペレニアルライグス（*Lolium perenne*）に加え，関東地方で広く適用されている玉龍（*Ophiopogon japonics* Ker-Gawl）を選定した．それぞれ植生幅を20 cm，草生密度を2,000 茎/m^2で試験枠下流端に植栽し，90日間生育して試験区に定着させた．植生試験区4種類の他，裸地試験区を含めた計5試験区に人工降雨装置を用

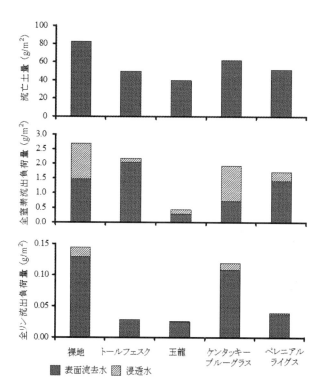

図-2 各試験区における流亡土量，全窒素および全リンの流出負荷量

いて降雨強度 30 mm/h で 2 時間降雨を与え，適時表面流去水および浸透水を採取し，水質測定を実施した．

各試験区からの流亡土量，表面流去水および浸透水中の全窒素・全リン流出負荷量を図-2 に示した．植生帯を有する試験区からの土壌および窒素・リンの流出負荷量は草本種の違いにかかわらず裸地試験区を下回り，特に玉龍ではその傾向が顕著であった．植生にあたっては，6月に播種を行い夏場にかけて生育した結果，玉龍以外の植生では一部が枯れるものもあった．これは玉龍以外の植生は耐暑性を有するものの寒冷地型芝生に属し，強度の高い降雨が発生する夏場の気候に適応できなかったためと考えられる．以上の結果より，気候条件に適した植生帯を用いることで，より高い土壌および肥料成分の流出抑制効果が期待できると考えられた．

(2) 植生帯に適した植生幅について

これまで植生帯による肥料成分の流出抑制については欧米を中心に議論されているが，その殆どが数メートル幅の植生帯を適用しており (Abu-Zreig ら, 2003)，日本のような集約的農業での数十 cm 程度の植生帯についてはほとんど議論がない．ここでは，狭小な植生幅が土壌および肥料成分の流出抑制に与える影響について議論を進めた（川井ら, 2007）．

実験では前述の小型試験枠を用いて，玉龍を 10～50 cm の 5 段階の植生幅で試験枠の下流端に配置し，試験枠上部から濃度 20,000 g/m³ の土壌懸濁水を一定流

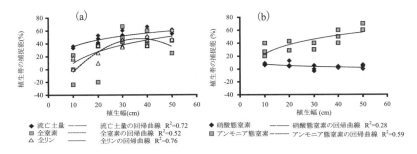

図-3 植生幅と流亡土量，全窒素，全リン，硝酸態窒素，アンモニア態窒素の捕捉能との関係

量で1時間流入させた．植生帯への流入前と流入後の表面流去水を適時採取して水質測定を行った．これらの手順を植生幅5段階に対して3回反復して実験を実施した．但し，ここでは植生帯の捕捉能を下式で定義し，植生帯が土壌を捕捉する能力の指標とした．

植生帯の捕捉率(%) = (C1 − C2) / C1×100

但し，C1とC2は植生帯流入前と流出後の各濃度である．

植生幅と流亡土壌，全窒素および全リンの捕捉能との関係を図-3(a)に示した．実験の結果，植生幅の拡大に伴って流亡土壌と全リンの捕捉能は増加するものの，全窒素の捕捉能の増加率は植生幅20～30 cmを境に減少する傾向が見られた．

そこで，全窒素中の硝酸態窒素とアンモニア態窒素の捕捉能を調べた結果（図-3(b)），アンモニア態窒素の捕捉能は植生幅の拡大とともに高くなるが，硝酸態窒素の捕捉能は植生幅に伴ってわずかながら低下傾向を示した．植生幅の拡大に

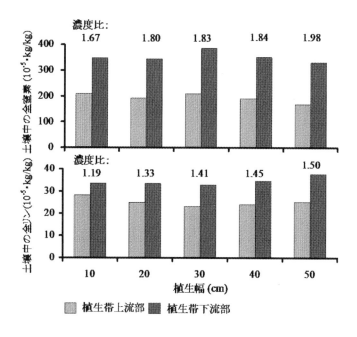

図-4　植生帯上流部と下流部における全窒素および全リンの濃度

伴って土壌粒子に伴って流出するアンモニア態窒素などの窒素成分はより捕捉されたが，溶存態成分である硝酸態窒素は捕捉されなかったことを示している．全窒素中，この硝酸態窒素の占める割合は植生幅とともに 32 ％から 62 ％に増大する結果となり，この硝酸態窒素が全窒素における 20～30 cm を境に減少する傾向を引き起こしたと考察した．

　併せて，植生幅からみた植生帯の上流部と下流部に堆積した土壌中の全窒素と全リン濃度の関係を図-4 に示した．土壌中の窒素・リン成分ともに植生幅に関係なく植生帯上流よりも下流部の濃度が高くなり，植生帯上流部と下流部の濃度比は植生幅に伴って増加する傾向を示した．また粒度分析の結果，下流部の土壌では細粒分である粘土とシルトが 90 ％以上を占めた．これらの結果から，植生帯は幅の拡大に伴い流亡土量を減少させるが，幅を拡大させたとしても，高濃度の窒素・リンが付着・吸着した細粒土壌を流出してしまう限定的な捕捉特性であることが明らかとなった．

(3) 植生帯を軸とした土壌保全システムについて

　これまでの研究において，表面流が増大すると植生帯による土壌および肥料成分の捕捉が困難になる事例も報告されている（Magette ら，1898）．そこで，植生帯と表面流集水渠との組み合わせに着目した．表面流集水渠は表面流を集水し

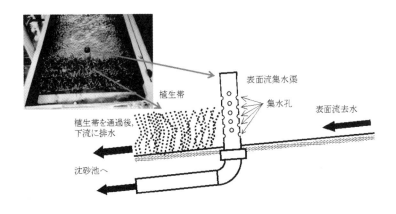

図-5　植生帯と表面流集水渠との組み合わせた土壌保全対策

て沈砂池に排水する保全工としてテラス畑等で実用化されている（Fangmeierら, 2006）．豪雨時の植生帯による土壌および肥料成分の捕捉が困難になる場合に，表面流集水渠が機能するように集水孔を設けることで，植生帯による土壌および肥料成分の捕捉能を維持できると期待される（図-5）．そこで植生帯と表面流集水渠，さらに沈砂池を組合わせた土壌保全システムについて検討した．

実験では傾斜 8°に設置した 3 連の模型試験枠（斜面長 2.0 m，幅 0.5 m，深さ 0.2 m）を用いた．各試験枠の条件は Plot I（裸地），Plot II（下流端 0.2 m の植生帯除いて裸地），Plot III（下流端 0.2 m の植生帯を除いて裸地，表面流集水渠を設置）とし，Plot I と Plot II の表面流去水と Plot III の表面流集水渠で分離され

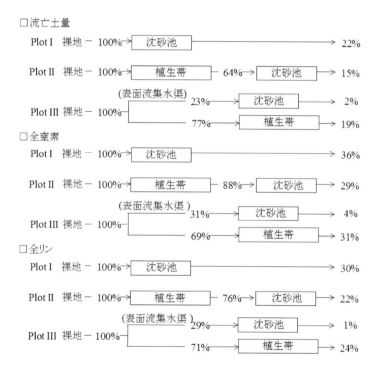

図-6　各試験枠における流亡土量，全窒素・全リンのフローダイアグラム
（Plot I の沈砂池流入前の土壌，全窒素，全リン成分の表面流出負荷を基準）

た懸濁水を沈砂池に流入させた．人工降雨装置を用いて54〜62 mm/hで2時間降雨を与え，22時間放置し，同様な実験を4回繰り返し計96時間の観測を行った．

Plot Iの沈砂池流入前の各成分の表面流出負荷を基準として，各試験枠の流亡土量，全窒素，全リンのフローダイアグラムを図-6に示した．Plot IIIの沈砂池通過後の土壌，窒素・リン成分の表面流出量はPlot IとPlot IIを大きく下回ったものの，Plot IIIで発生した表面流の約70 %は沈砂池に流入せずに植生帯を通過して下流域に流出しており，これを考慮するとPlot IIIからの土壌，窒素・リン成分の全表面流出量は沈砂池のみのPlot Iを下回るものの，植生帯と沈砂池を直結したPlot IIを上回る結果となった．しかし沈砂池における堆砂状況を見ると，Plot IIIの沈砂池における堆砂量は，Plot Iの0.26倍，Plot IIの0.42倍に過ぎなかった．

これらの結果は，植生帯への表面流入量を表面流集水渠で調整することで，高い水準で植生帯による土壌および窒素・リン成分の捕捉能を維持できるとともに，植生帯に表面流集水渠や沈砂池を組み合わせた土壌保全システムを構築することによって，沈砂池の機能を高い水準で保つことができ，維持管理の観点からも有効であると考察できた．

4．植生帯による大腸菌の捕捉

更に土壌，肥料成分の流出抑制対策の一つである植生帯に着目して，大腸菌の流出抑制効果について検討した．畑地での大腸菌の流出は，牛糞や未熟堆肥が施用された場合に顕著に発生してしまう．植生帯には土壌，肥料成分流出抑制に効

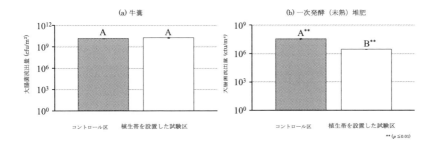

図-7　牛糞および一次発酵（未熟）堆肥を施用した小型試験枠からの大腸菌の流出

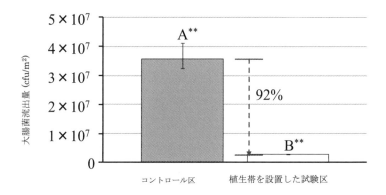

図-8　一次発酵（未熟）堆肥を施用したライシメータからの大腸菌の流出
（図-5(b)よりy軸を変換）

果の見られた玉龍を使用し，関東ローム土を充填した小型試験枠の下流部から30 cm 幅で，2,000 茎/m²の密度で植栽した．ただし実験前，土壌中からは大腸菌は検出されなかった．

牛糞および一次発酵（未熟）堆肥を施用した小型試験枠からの大腸菌の流出を図-7に示した．牛糞ではコントロール区と植生帯を設置した試験区において，大腸菌の流出に明確な差は見られず，T検定においても有意差が見られなかった．一方，一次発酵堆肥では植生帯の設置により，大腸菌の減少が見られ，92 %の大腸菌の流出が抑制された（図-8）．

これは，牛糞では植生帯を通過できる微小な粒子中にも多量の大腸菌が生残し，植生帯による流出抑制効果が見られなかったと考察した．また，一次発酵堆肥では発酵により微小な粒子中の大腸菌が死滅し，植生帯を通過できない大きな粒子中に多くの大腸菌が生残しており，植生帯による流出抑制効果が発現したためと考察できた．

5. おわりに

畑地では降雨に伴い土壌侵食が発生すると，表層（作土層）土壌の流亡が発生する．この肥沃度の高い作土層の流亡によって農地における土地生産性が低下す

るため，生産性の維持が土壌保全研究の中心的課題であった．しかし近年では化学肥料や未熟堆肥等の施用により，下流域の池沼や河川の水質悪化が深刻化している．そのため水環境の保全を目指し，畑地からの土壌流亡に伴う肥料成分や大腸菌の流出に関心が注がれている．

植生帯は土壌および肥料成分の流出抑制に効果がある一方，高濃度の窒素・リン成分が付着・吸着した土壌細粒子を流出してしまう限定的な捕捉特性であることが分かった．また植生帯に表面流集水渠や沈砂池を組み合わせた土壌保全システムについて検討した結果，植生帯への表面流入量を表面流集水渠で調整することで，高い水準で植生帯による土壌および窒素・リン成分の捕捉能を維持できるとともに，植生帯を軸とした土壌保全システムを構築することによって，沈砂池の機能を高い水準で保つことができ，維持管理の観点からも有効であると判断できた．

併せて，植生帯による大腸菌の捕捉能について調べた結果，牛糞では植生帯による明確な大腸菌の捕捉能を評価できなかったが，一次発酵堆肥では植生帯の設置により 92 ％の大腸菌の流出が抑制された．これは，牛糞では植生帯を通過できる微小な粒子中にも大腸菌が生残しており，植生帯による流出抑制効果は見られなかったが，一次発酵堆肥では発酵により微小な粒子中の大腸菌が死滅し，植生帯を通過できない大きな粒子中にのみ大腸菌が生残し，植生帯による流出抑制効果が発現したためと考察した．

本来農地において汚濁物質の流出は発生するべきではないが，流域において農地が汚濁物質の面源となっていることも事実である．植生帯に限らず，有効な土壌保全対策を施しつつ，水環境保全を進めていくことが今更ながら重要であると感じている．

引用文献

青野俊一・武田隆・太田秋男・村木裕志 1997. 急傾斜地における総合木場整備事業と土壌侵食について，農業土木学会誌 45(2): 101-106.
山本尚之・河村征・三原真智人 2012. 畑地における植生帯を用いた土壌および肥料成分の保全，農業農村工学会誌 80(5): 11-14.
川井聡之・河村征・三原真智人 2007. *Ophiopogon japonicus* Ker-Gawl.を用いた土壌およ

び窒素・リン成分の捕捉特性に与える植生幅の影響, 環境情報科学論文集 21: 591-594.
竹内誠 1997. 農耕地からの窒素・リン流出, 日本土壌肥料学雑誌 68(6): 708-715.
仲村元・藤田智康・吉永安俊・塩野隆弘 2003. 羽地小川地区における赤土対策推進の取組
　―耕土流出防止対策に関する試験―, 水と土 132: 40-48.
農林水産省農村振興局 2007. 土地改良事業計画設計基準及び運用・解説　計画「ほ場整備
　（畑）」, 農業農村工学会
三原真智人・上野貴司 1999. 畑地における土壌流亡と窒素およびリン成分の表面流出, 農
　業土木学会論文集 200: 7-14.
Abu-Zreig, M., Rudra, R.P., Whiteley, H.R., Lalonde, M.N. and Kaushik, N.K. 2003. Phosphorus Removal in Vegetated Filter Strips, Journal of Environmental Quality 32: 613-619.

Fangmeier, D.D., Elliot, W.J., Workman, S.R., Huffman, R.L. and Schwab, G.O. 2006. Soil and Water Conservation Engineering, Fifth Edition, Tomson Delmar Learning: 170-172.

Magette, W.L., Brinsfiels, R.B., Palmer, R.E. and Wood, J.D. 1989. Nurtient and Sediment Removal by Vegetated Filter Strips, Transaction of ASAE, 32(2): 663-667.

Mihara, M. 2000. Nitrogen and Phosphorus Losses due to Soil Erosion during a Typhoon, Japan, Journal of Agricultural Engineering Research 78(2): 209-216.

Mihara, M. and Okazawa, H. 2001. Change in Erodibility and Eutrophic Components Outflow due to Armoring of Bottom Sediments, Trans. of JSIDRE 214: 105-110.

Siriwattananon, L. and Mihara, M. 2008. Efficiency of Granular Compost in Reducing Soil and Nutrient Losses under Various Rainfall Intensities, Journal of Environmental Information Science 36(5): 37-44.

第9章
里海と土壌
―森里海のつながりと沿岸海域の生産力―

山下　洋**

京都大学フィールド科学教育研究センター

1. はじめに

　日本の漁業はきわめて深刻な状況にある．わが国の漁業・養殖業生産量は，1984年の1,282万トンを頂点として減少の一途にあり，2013年の漁獲量（479万トン）はピーク時の4割を下回っている．遠洋漁業や沖合漁業の減少は，海洋法条約の批准，公海漁業からの締め出し，他国漁業との関係など国際情勢の影響を強く受けた結果と言うこともできる．それ故，わが国が大切に管理し期待したいのが沿岸漁業資源であるが，沿岸漁業もまた1985年をピーク（227万トン）として減少し続け，2013年の漁獲量（115万トン）は1985年のほぼ半分である．漁獲量の減少は，瀬戸内海や有明海などの半閉鎖海域においてとくに著しく，最大漁獲年と比較すると近年の漁獲量は瀬戸内海では4割，有明海では15％を下回る惨憺たる状態と言っても過言ではない（図9.1）．両海域は人間活動が盛んな地域に囲まれていることから，人間活動の影響が沿岸漁業資源減少の重要な要因のひとつであることが推察される．

　近年「里海」が注目されている．里海とは，柳（2006）により，「人手をかけることで，生物生産性と生物多様性が高くなった沿岸海域」と定義され，荒廃したわが国の半閉鎖性海域再生の為の新たな概念として注目されている．里海は里

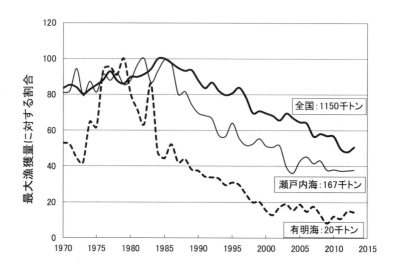

図 9.1 わが国の沿岸漁業漁獲量の推移. 数字は 2013 年の実績

山のアナロジーである. しかし, 海中では人が生活したり森のように容易に入り込んで環境をモニタリングしたりすることはできないという, 里山との大きな違いが存在する. また, 都市域や漁村周辺を除くと, ほとんど人の手が入っていない沿岸海域も広く残されている. 上記の里海の定義に対しては, 沿岸環境の保全の為には人の手を加えるべきではないという意見も多くある. これに対して, 柳哲雄 先生から, 里海の中には全く手を加えないという管理方策も含まれているとの見解を頂いた.

　これらの定義からは, 里海の範囲はごく沿岸海域とそれに隣接する陸域に限られる印象を受けるが, 実際には内陸部を含め陸域で排出された物質の多くが, 河川や地下水により沿岸海域まで輸送され沿岸環境に放出される. とくに, 日本のような海に囲まれた森と里の国では, 沿岸海域の環境は陸域全体から大きな影響を受けていると考えることができる. 著者が所属する京都大学フィールド科学教育研究センター (京大フィールド研) では, このような陸域から沿岸海域までの物質循環と生態系のつながり (森〜海), さらにそれに対する人間活動の影響 (里) を「森里海の連環」と呼び, 「森里海連環学」を当センターの教育・研究の柱と

している（山下監修, 2011; Yamashita, 2014）．里海論（柳, 2006）の中でも，森から海までの統合的な流域管理の重要性が強調されている．

本原稿は，日本海洋学会が 2010 年に開催したシンポジウム「里海の学術的基礎」での講演内容の記録として，機関誌である沿岸海洋研究に掲載された著者の論文「森・里・海とつながる生態系」（山下, 2011）をベースに，新たな知見や情報を追加してとりまとめたものである．本稿では，まず沿岸浅海域（およそ水深 20 m 以浅の浅場）の漁業資源生物の生息場や稚魚成育場としての役割とその重要性を示す．次に，陸域の土壌やそれを基盤として生産された陸起源物質が，沿岸浅海域の環境と生態系に与える影響を検討し，森里海の連環（＝里海）という観点から，陸域と沿岸海域の相互関係を考えたい．

2. 魚介類の成育場，生息場としての沿岸浅海域の重要性

沿岸性魚介類の多くは，水深数十センチから 20 m 程度までの浅海域を生息場，産卵場，仔稚魚期の成育場として利用している．しかし，わが国では戦後の高度成長期に埋め立てや護岸により，多くの浅場を失った．単純に考えても，消失した面積分の魚介類生産量（力）を失ったとみることができる．また，埋め立て域に接続する垂直護岸は，まわりの水圏環境にも大きな悪影響を与える．自然の傾斜海岸では，潮汐や波の力で海水混合が起こり，それにより酸素が取り込まれ，藻場や干潟に生息する多様な生物により物質が健全に循環する．一方，垂直護岸の周辺の海域は急深であり生物の多様性に乏しく，潮汐による海水混合が起こり難いことから貧酸素水塊が発生しやすく，護岸に隣接する多くの浅海域は生物が生息できないデッドゾーン（和久ら, 2012）となる．海岸部の人工改変に加えて，陸域の構造や人間活動は，河川水や湧水の流入を通して，魚介類の大切な生息場・成育場である沿岸浅海域に大きな影響を与えることから，沿岸海域の環境，生態系，生物生産を考えるうえで，きわめて重要な要因である．

河口とそれにつながる浅海域（干潟，エスチュアリー，潟湖など）は生物生産力が大きく，地球上で最も生態系サービスの価値が高い場所である（図 9.2）．河口には多くの生物が生息するだけでなく，サケ，ニホンウナギ，アユなど川と海の間を回遊（通し回遊とよばれる）する重要な水産資源の通り道ともなる．陸域

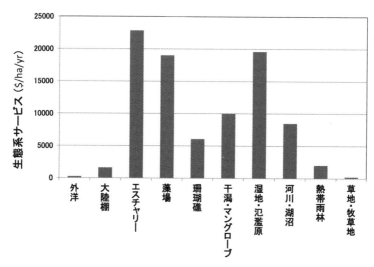

図 9.2 生態系ごとの生態系サービスの価値.
Costanza et al. (1997) をもとに Kasai (2014) が作図したものを改変

から排出された物質は河川により運ばれ河口から沿岸海域全体へ拡がる．森から海までの間には，農地，耕地，都市，工場などがあり，河川はダムや護岸により改変され，森から海までの生態学的なつながりは非常に複雑である．ここでは，陸から海に供給される河川水，栄養塩，有機物，土壌由来の粒子（土砂）の起源と循環について，沿岸生態系および生物生産との関係に焦点を当てて論考したい．また，著者らが森から海までの生態系連環に関する調査フィールドとしている，京都府北部を流れる由良川における研究について，上記の物質循環と生物生産の観点から具体的な成果を紹介したい．

3．河川流量

陸水利用の研究分野では，河口堰により河口で淡水を止めなければ，貴重な淡水が海に流れてしまい，資源の大きな無駄であるという主張があるそうだ．しかし，海のサイドから見るとこの認識は明確な誤りであり，沿岸海域の環境と生態系にとって河川水の流入は非常に重要である．

現代社会では，水は人の生活や経済活動にとって不可欠の重要な天然資源である．河川水はダムや堰で止められ，発電，農工業用水，上水，防災などの為に管理・利用される．そのため，河川流量は著しく減少し，人為管理によって季節的な流量変化の特徴を失い平準化される傾向にある．瀬戸内海では，河川の水量不足が原因となって，アユの不漁や冬季の窒素不足によるノリの色落ちが深刻な問題となっており（高木ら，2012），これらの問題を解決する為に一時的にダムの水を放水して流量を増やすという「漁業用水」が提案されている（真鍋，2007）．しかし，特定の産業のための新たな水利用は，水利権という行政上の困難に直面するであろう．また，限られた特定の目的の為に環境を管理しようとする発想は，予想もしなかった新たな環境問題につながる危険性がある．

河川流量は，河口・沿岸海域の物理環境に大きな影響を与える．その典型的な例としてエスチュアリー循環がある．河川水は海水よりも密度が低いので，海に流れ込むとその表層を沖方向へ流れる．表層の沖向きの流れは中底層の海水を岸向きに動かす駆動力となり，表層－沖向き，下層－岸向きの循環流が生じエスチュアリー循環とよばれる（図 9.3）．エスチュアリー循環は後述する栄養塩の供給だけでなく，有機物や酸素の循環にも重要な役割を果たしており，河川流量が減少するとエスチュアリー循環が弱まり，有機物による汚濁負荷の増加や貧酸素状態が発生しやすくなると考えられている．現状でも貧酸素化が深刻な状態にある三河湾に流入する豊川において，新たな大型ダム（設楽ダム）の建設計画が進

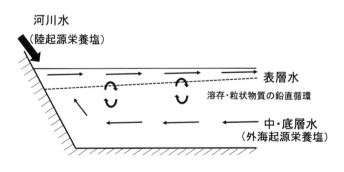

図 9.3　エスチュアリー循環．

められているが，三河湾の環境をさらに悪化させることが懸念されている（日本海洋学会海洋環境問題委員会, 2008）．

　森林は緑のダムとよばれる．地上に降った雨の多くは，蒸発と植物による蒸散により大気へ放出される．宇野木（2015）によると，降水量に対する蒸発散量の割合は，森林54％，草原68％，耕地66％であり，中野ら（1989）によれば，水の浸透能（mm/h）は，広葉樹林272，針葉樹林211，自然草地143，人工草地107，畑89，歩道13とされており，森林の保水能力の高さがわかる．森林は，高い保水能力を通して大雨や渇水の影響を緩やかにし，河川流量の極端な変化を調整する役割を果たしていると考えられる．

4. 栄養塩

　植物プランクトン，底生微細藻類，海藻・海草類などの水生植物の光合成により，水圏における基礎生産が行われる．これら水生植物の増殖と成長には栄養塩が不可欠である．河口・沿岸海域の高い生産力は，陸域からの栄養塩の供給だけでなく，前述のエスチュアリー循環により，沖合底層からも栄養塩が供給されることにより支えられている．すなわち，河川流量の減少は陸からの栄養塩供給だけでなく，エスチュアリー循環の駆動力を低下させ沖からの栄養塩供給の減少にもつながる（図9.3）．

　栄養塩の中で重要な元素は，窒素，リン，ケイ素である．とくに植物プランクトンの代表的なグループである珪藻は，細胞壁にケイ素を必要とすることからケイ素に対する要求が大きい．ある環境水中で，どの栄養塩が不足しているのかを調べる際には，珪藻細胞中の栄養塩の濃度（モル）比が物差しとして使われる．この比は，レッドフィールド比（Redfield et al., 1963）と呼ばれ，窒素：リン：ケイ素のモル比は16:1:16（あるいは16:1:15）である．一方，有害赤潮を引き起こす有毒プランクトンを多く含む鞭毛藻類は，ケイ素をあまり必要としないことから，栄養塩は濃度だけでなくそのバランスが重要になる．ケイ素も含め栄養塩がバランスよく含まれていると，珪藻の増殖力は鞭毛藻類よりも高いので珪藻が優占する．珪藻は食物網の中で基礎生産者として貢献することから，珪藻が優占する海は基本的には健全な海洋環境と考えることができる．ところが，珪藻により

ケイ素が消費され，人間活動により沿岸海域への窒素やリンの供給が相対的に過剰になると，鞭毛藻などの大量発生が起こりやすく，有害な赤潮となって養殖場などに甚大な被害を与える（山本，2007）．

　上述のとおり，陸域における人間活動は，栄養塩の供給量とともに栄養塩間のバランスにも大きな影響を及ぼす．ケイ素の主要な供給源は土壌であり，陸上動植物遺骸の分解物などからも供給される．たとえば，稲がケイ素を多く含むことはよく知られている．一方，窒素とリンは都市生活排水，水田や耕地の肥料成分，家畜排泄物などを起源として，人間活動を通して水圏に大量に供給される．森林からの栄養塩供給はどうであろうか．森林が利用する窒素の起源は大気であり，雨滴や植物の窒素固定によって森林生態系に取り込まれる．陸上植物の生産では窒素が不足することが多いので，森林生態系は窒素を森林内にできるだけ多く保持するリサイクルの機構を持つ．近年，大気中の窒素酸化物の上昇により森林に供給される窒素量が増大し，本来窒素不足状態の森林において窒素飽和現象が報告されている（徳地，2011）．過剰な窒素は河川へ流出し，結果的に水圏の生物生産に利用されることが考えられる．また，リンの供給源は土壌の風化であり，リンもまた森林においては不足することから，森林から河川へのリンの流出も低く抑えられている．河川生態系における基礎生産の制限要因は多くの場合リンであり，後述のとおり由良川においてもリンが基礎生産を律速することが確認された．

　ダムは長期間水を溜めることから，ダム湖では淡水性の植物プランクトンが増殖してケイ素を始めとする栄養塩が消費される．下流域に都市があると，そこから窒素とリンが過剰に放出されることになる．このような河川水中の元素組成の変化や先に述べた河川水量の平準化は，沿岸海域では鞭毛藻類にとって有利な条件であり，赤潮が起こりやすくなると考えられている．陸域からの栄養塩の供給においては，過剰か（富栄養化）不足か（貧栄養化）だけでなく，栄養塩の組成バランスと海への時間的な供給バランス（パルス性や季節性）が，沿岸海域の生物生産に対して大きな影響を与える（山本，2007）．

　海域における基礎生産には窒素，リン，ケイ素などの主要な栄養塩のほか，溶存鉄が重要な役割をはたしている．外洋域では大気が運ぶ鉄粒子が溶存鉄の供給

源であり，溶存鉄濃度が基礎生産の制限要因となることが知られている（武田 2007）．溶存鉄は水中では酸化により容易に難溶性の水酸化物を形成して沈殿し，植物プランクトンには利用できなくなる．沿岸海域では，森林において落葉・落枝が林床に堆積し還元状態となることで溶存態鉄と腐植酸が生産され，酸化されにくい腐植酸鉄（フルボ酸鉄）の形態で河川から海に供給されることにより，沿岸海域の基礎生産に貢献するという説がある．近年の沿岸海域における生物生産力の低下の原因が，森林の荒廃によるフルボ酸鉄不足のためであるという仮説は，漁民や市民による森づくり運動を支える理論の一つとなっている（畠山, 2011）．沿岸海域には陸域から供給される溶存鉄が豊富に存在し，鉄が基礎生産を律速することはあまりないとも言われているが，森林の荒廃などにより沿岸海域においても溶存鉄不足が起こり，基礎生産に影響するという報告（Lewitus et al., 2004）もある．

5. 有機物

　河川を通して陸域から沿岸海域へ大量の有機物が運ばれる．炭素や窒素の安定同位体比（$\delta^{13}C$, $\delta^{15}N$）分析手法の進歩と普及により，有機物の起源とそれを利用する動物の食物関係を分析することが可能になり，水圏生物による有機物の利用実態に関する研究が飛躍的に発展した（山下・田中, 2008; 富永・髙井, 2009）．著者らは，京都府北部の由良川・丹後海において，河川からの有機物の供給と生物による利用について詳細な調査を進めてきた．

　由良川では，冬季の降水・降雪により河川水量が多く河口までほぼ淡水となる冬季（増水期；12月〜3月）と，河川水量が減少して海水が河川の底層を遡上し，弱混合型のエスチュアリーを構成する春〜秋季（渇水期；4月〜11月）に大別できる（図9.4）．初夏から秋の由良川下流・河口域では，河口から最大で約18 km上流まで海水が遡上する．海水の遡上距離は河川流量と海面高度によりほぼ決定される（Kasai et al., 2010）．渇水期の下流域では，汽水・海産植物プランクトンが，河川水に豊富に存在する栄養塩を利用して盛んに基礎生産を行い，中層に形成される塩分躍層において明瞭なクロロフィル極大層を構成する（Kasai et al., 2010; Watanabe et al., 2014）．増水期には，河川内の植物プランクトン密度は

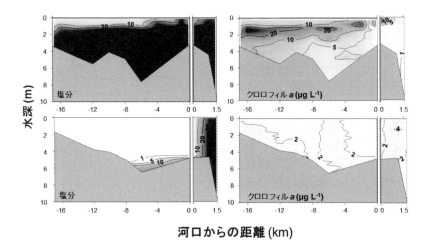

図 9.4 由良川河口域の塩分とクロロフィルの分布構造.
上図：2007 年 8 月 22-23 日，下図：2008 年 1 月 28-29 日．Watanabe et al.（2014）を改変

非常に低いが，海側の丹後海では河川から供給される栄養塩と，エスチュアリー循環によって沖合から供給される栄養塩により，例年 2〜4 月に植物プランクトンの大規模なブルームが発生する（渡辺ら，未発表）．

この水域で採集された 135 種のマクロベントスについて，炭素・窒素安定同位体比分析により食物関係を調べた（図 9.5）．食物網の起源有機物として，陸上植物，河川粒状有機物，海藻，底生微細藻，海産粒状有機物の 5 種類を設定した．河川粒状有機物には，淡水性植物プランクトンや陸上植物の破砕片など多様な有機物が含まれ，海産粒状有機物の主体は植物プランクトンと考えられる（Antonio et al., 2012）．

マクロベントスの種ごとの平均 $\delta^{13}C$ の範囲は，河川下流域では $-30‰$〜$-15‰$，河口域 $-26‰$〜$-14‰$，海側浅海域（水深 5-10 m）$-20‰$〜$-15‰$，沿岸域（水深 30-60 m）$-20‰$〜$-14‰$，沖合域（水深 100-150 m）$-20‰$〜$-14‰$ と，沖合から河川にむかって範囲が拡大し，食物起源有機物の多様性の増大が示唆された．すなわち，海水が遡上する春〜秋季の下流・河口域では，陸上植物起源有機物から海産植物プランクトンまで，広い範囲の有機物が底生動物の食

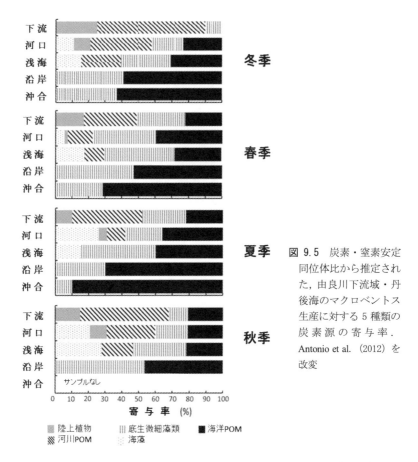

図 9.5 炭素・窒素安定同位体比から推定された，由良川下流域・丹後海のマクロベントス生産に対する5種類の炭素源の寄与率．Antonio et al.（2012）を改変

物として利用された．また，河川下流域では，炭素安定同位体比が$-25‰$以下のベントスが多く出現し，冬季を中心に陸上植物起源の有機物の利用割合が高いことがわかった．一方，沿岸域・沖合域（＞水深30 m）では陸上植物，河川粒状有機物の利用はほとんど認められず，水深とともに海産植物プランクトンの割合が増加した．

　陸上植物起源の有機物は，セルロースやリグニンなどの難分解性物質を多く含んでおり，セルロースを分解するセルラーゼをもった動物にしか利用できないことが明らかになりつつある（Kasai and Nakata, 2005; Sakamoto et al., 2007）．

河川・河口域に生息する二枚貝のヤマトシジミ，巻貝類のオオタニシ，カワニナ，イシマキガイなどではセルラーゼ活性が確認されている（Antonio et al., 2010）．ただし，高い活性を持っている動物が必ずしも陸上植物起源の有機物を利用しているとは限らず，カワニナやイシマキガイは底生微細藻や植物プランクトン起源有機物を好んで摂餌し，それらが利用できない場合にのみ陸上起源有機物を利用することが示唆された．

　北海道の河口域に分布するトンガリキタヨコエビは，河床に堆積した落ち葉を摂餌し消化吸収することが報告されており（櫻井・柳井，2008），内湾に棲む堆積物食多毛類などでも陸上植物に由来する有機物の利用が示されている（富永・牧田，2008）．しかし，河川内と比較すると，海で陸上植物起源有機物を利用できる動物は限られており，海まで輸送され海底に堆積した陸上植物はおもに微生物により分解される．この知見は河川の管理に関しても重要な示唆を与えており，蛇行し瀬と淵により構成されている自然河川では，淵にたまった陸上起源有機物はセルラーゼを持つ多くの動物に利用され，河川内で除去されていると考えられる．ところが，洪水を防ぐために水を早く流す機能だけを優先し，直線化され三面張り護岸構造に改変された河川では，陸上植物起源の有機物は短時間に海に運ばれ河口・内湾の海底に堆積し，微生物分解を通して貧酸素水塊形成の原因となることが推察された．

6. 土　砂

　陸域から海へ供給される土砂の問題は深刻である．戦後，河川に多くのダムが建設され，高度成長期には川砂利が大量に採取されたために，河川から海への土砂供給量は大きく減少した．土砂はダム湖に堆積する．日本のダム湖内への土砂の年平均堆積率は1.1％であり，ダムは90年で埋まってしまう計算になる（宇野木，2015）．海への土砂供給の減少により，わが国のほとんどの海岸において，浸食による砂浜の後退が著しい．天竜川では海浜形成に役立つ粒径の土砂の年間供給量の約90％が，ダムと砂利採取によって失われたと推定されている（宇多，2008）．土砂供給の低下による砂浜海岸の後退や干潟域の減少は，そこを生息場や成育場として利用する水産生物の減少にも直結するであろう．砂浜海岸の後退

を防ぐために，わが国の多くの海岸では沖側に離岸堤が積み重ねられている．日本の原風景とも言える美しい白砂青松の海岸が，日本から姿を消しつつある．

一方，近年河川下流域から沿岸海域の泥化が懸念されている（浮田，2007）．沿岸海域に流出した微細土砂（ここでは浮泥と呼ぶ）が生態系へ及ぼす影響は珊瑚礁でよく知られているが（Rogers, 1990; 大見謝，2003），干潟，砂浜，岩礁などの生態系に対しても悪影響を与える．藻場や岩礁では濁りが海藻・海草類の光合成を妨げ，基質上にごく薄く粒子が堆積しただけでも，海藻の遊走子の着生，配偶体の成長，生残および成熟が阻害される（Arakawa, 2005; Deiman et al., 2012）．底泥中の泥分率の増加は，干潟に生息するアサリやタイラギなどの二枚貝（Ellis et al., 2002; 浮田，2007; 以本ら，2008），砂泥浅海底を成育場とするヒラメ，イシガレイ，マコガレイなどの底魚類稚魚にとっても不適な環境となる（大森・靍田，1988; Tanda, 1990）．サザエやアワビなどの巻貝類の浮遊幼生は選択的に珊瑚藻（石灰藻）上に着底してそこを初期稚貝の成育場として利用する．ところが，浮泥はアワビやウニの浮遊期幼生の死亡率を増加させ（Phillips and Shima, 2006），珊瑚藻上に堆積した浮泥は浮遊期幼生から稚貝への変態を著しく阻害することが確認された（Onitsuka et al., 2008）．さらに，このような有機物を含む微細粒子が海底に堆積すると，貧酸素化を引き起こし硫化水素などの生物毒性の強い物質が生成されやすくなる．これら数多くの例から，浮泥は干潟，砂浜，藻場，岩礁のいずれの生態系においても重大な環境破壊要因となることが明らかである．

このような浮泥の陸上における起源として，おもに4つの原因が推定される．まず第一にダムがあげられる．ダムはダム湖内に土砂を堆積し海への土砂供給を妨げることは先に述べた．ところが，ダム湖に堆積した土砂のうち，微細な粒子は，増水時に下流へ流され沿岸海域に運ばれる（田中ら 2003, 矢沢 2007）．すなわち，ダムは砂浜海岸を形成するために必要な砂等の土砂粒子の供給を遮断し，一方で微細なシルト・クレイ成分のみを排出して，沿岸海域の底質環境に重大な影響を与えている可能性が考えられる．

第二の要因は荒廃人工林である．わが国は戦後の復興期に人工林の大規模造林を行い，森林面積の4割が人工林で占められている．ところが，その後の安価な

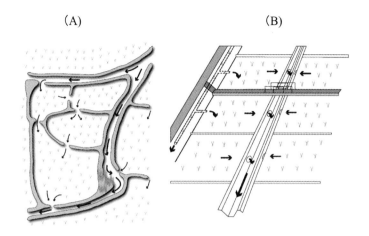

図 9.6 (A) 旧来の水田と (B) 基盤整備後の水田の構造. 西村 (2011) を改変

外国材の輸入により,国内の林業は競争力を失い極度の不振に陥った.人工林の管理が不十分となり,広大な人工林の荒廃が進行している.枝打ちや間伐が適切に行われていない荒れた人工林では,光が林内に入らないために林床に下層植生が形成されず,土壌がむき出しの裸地化が進行し,雨が降ると表土が河川に流出する(恩田, 2008).

第三の要因として,水田や畑地が考えられる.水田では,戦後の基盤整備事業により,灌漑用水の取水経路と排水経路が別系統に別けられた.古い水田の構造では,代掻きなどの耕耘に伴う懸濁物はその下流側の水田に沈殿したが,基盤整備後は個々の水田の濁水がそのまま河川へ排出される構造になっている(図 9.6)(谷内ら, 2007; 西村, 2011).また,減反や農民の高齢化により近年増加している荒廃農地からも,土砂が河川へ流出する(田中ら, 2003; 有路, 2011).このような荒れ地を緑化(草地,林地化)すると,表土の浸食の程度は 2〜3 オーダー減少することが知られている(長崎, 1998; 中島, 2011).第四の要因として都市や工事現場からの土砂流出が考えられる(浮田, 2007).沖縄では,開発工事が珊瑚を死滅させる赤土流出の主要因と考えられている(大見謝, 2003).

7. 由良川流域調査

 京大フィールド研が取り組んでいる「森里海連環学」の一環として，由良川流域をフィールドとした総合調査を行ってきた．由良川は京都の北部に位置し，その源流はフィールド研芦生研究林に発し，同舞鶴水産実験所に近い丹後海に注ぐ．幹川流路長は146 km，流域面積が1882 km²の比較的規模の大きな河川であるが，流域人口は約17万人と流域規模の割に少なく，森林率が約80 %の自然に恵まれた河川である．本調査では，河川を通して陸域から沿岸海域に運ばれる物質の中で，有機物（前述）と栄養塩に焦点を当て，また，両側回遊魚であるスズキの稚魚期の生産構造を対象として研究を進めている．

(1) 栄養塩と溶存鉄

 由良川流域を網羅する本流・支流の約40点において採水を行い，水圏の基礎生産を支える窒素，リン，ケイ素，溶存鉄の濃度を測定した（以下福島ら，未発表データ）．2009年6月と10月の由良川における溶存鉄濃度は，平均値で22.8 µg/L および24.3 µg/L であり，両調査間に大きな差が認められなかった．また，最源流から河口までの溶存鉄濃度の変化をみると，上流から中流にかけて川を下るとともに鉄濃度が増加したが，河口から40 kmより下流側では逆に減少した．前述のとおり，日本海側に位置する由良川では，冬の降雪・降雨により冬・初春季に増水し，晩春〜秋季は基本的には渇水期である．また，下流域では河床勾配が緩いことから，渇水期には河口から18 km近くまで海水が遡上する．そのために，下流域に河川水が滞留し中・下層では海産植物プランクトンが活発に栄養塩を消費する．また，海水との接触により溶存鉄が化学反応を起こして沈殿する為に，下流域では溶存鉄濃度が低下することが推察された．そこで，上中流域について，溶存鉄濃度と流域利用との関係を調べた．その結果，支流，本流ともに溶存鉄濃度は森林率と有意な負の相関，耕作地率および市街地率とは正の相関を示した．すなわち，溶存鉄は水田，畑などの農地や都市から多く供給されており，森林の寄与は小さいと考えられた．また，窒素とリンについても同様の傾向が認められた．

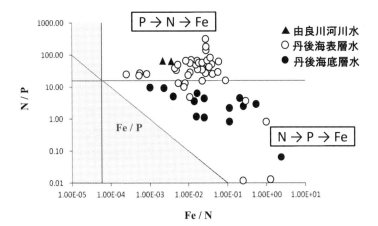

図9.7 レッドフィールド比から見た基礎生産の制限栄養塩.丹後海表層水は由良川河川水の影響を強く受ける.河川水と丹後海表層水はリン制限,丹後海底層水は窒素制限と判断される.渡辺ら(未発表データ)

　由良川下流および丹後海においても,海水中の栄養塩(窒素,リン,ケイ素)と溶存鉄の濃度を分析した.その結果,溶存鉄は他の栄養塩と比較して十分量存在しており,生産力の高い冬春季の由良川では,リン>窒素>ケイ素>鉄,丹後海では,窒素>リン≧ケイ素>鉄の順に基礎生産を制限していた(渡辺ら　未発表).すなわち,丹後海において溶存鉄は基礎生産を制限する要因とはならなかった(図9.7).由良川・丹後海における栄養塩・溶存鉄調査では,森林で生産された豊かな栄養が沿岸海域の生物生産を支えるという構造を,明確に証明することはできなかった.ただし,いくつか将来の課題が残されている.第一に,本調査は平水時に行われており,出水時のデータは得られていない.森林が栄養塩をできるだけ系外に出さないシステムを有することを考慮すると,溶存鉄を含む栄養物質は平水時には森林からあまり出ないが,出水時に大量に放出される可能性が考えられる(向井ら,2002).第二に,腐植酸鉄を構成する腐植物質の構造は多様で複雑であり,海まで到達して基礎生産に利用される腐植酸の割合が,起源ごとに異なることも考えられる(横山ら,未発表).
　ここで紹介した結果は由良川流域において得られたものであり,場所が違えば

異なる結果になることが十分に考えられる．たとえば親潮起源の豊富な栄養塩が期待できる三陸沿岸域などでは，窒素，リンと比較して相対的に溶存鉄濃度が低くなり鉄律速の状態が存在する可能性は否定できない．また，北海道大学と総合地球環境学研究所が中心となって行ったアムール・オホーツクプロジェクトでは，広大なアムール川流域で生産される溶存鉄と腐植酸がオホーツク海の高い生産力を支え，さらに溶存鉄は千島列島を越えて親潮域まで運ばれるメカニズムが解明された（白岩，2011）．沿岸海域における溶存鉄の役割に関しては，今後も気候帯，海流系，地理的特性，流域の利用実態などの異なる様々な地域で研究を進める必要がある．

(2) スズキ稚魚の生産

由良川が注ぐ丹後海の浅海域は，スズキ，ヒラメ，タイ類など水産的に重要な沿岸魚類の稚魚期の成育場である．本海域では多くの稚魚が，アミ類という小型の甲殻類を主食としている．

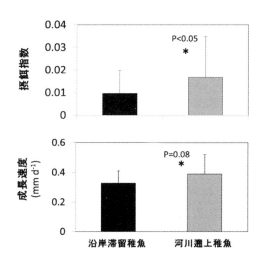

図9.8 由良川・丹後海における河川遡上稚魚と沿岸滞留稚魚の摂餌量および成長速度の比較（2008−2012年5月調査）．
摂餌指数＝胃内容物重量/体重．Fuji et al., (2014) を改変

スズキは丹後海の沖合で 12〜2 月に産卵する．ふ化した体長数ミリメートルの仔魚は，沿岸の浅海域に輸送され 2・3 月に由良川河口沖合の水深 10 m 前後の海底に着底する．4 月中旬になると雪解け水が減少して由良川の流量が低下し，由良川に遡上しはじめる海水（図 9.4）とともに，河口沖に分布していた稚魚の一部が由良川に入る．由良川に移動した稚魚は，河口から 50 km も上流の淡水域まで遡上することが明らかになった．河川に遡上したスズキ稚魚は，夏頃まで川で暮らし海に戻る（Fuji, 2014）．

丹後海の浅海域には 5 月以降も多くのスズキ稚魚が分布しているので，由良川に遡上した稚魚は，2・3 月に河口沖に集まったスズキ稚魚の一部と考えられた．稚魚が由良川に遡上するメリットを調べるために，由良川で生活する稚魚と丹後海側で生活する稚魚を採集して摂餌量と成長速度を比較した．すると，川のスズキは海のスズキよりもたくさんの餌を摂餌し成長も良好であった（図 9.8; Fuji et al., 2014）．

スズキ稚魚の主食であるアミ類の分布量は，海側（おもにニホンハマアミ）では 2〜6 月に，由良川下流域（おもにイサザアミ）では 5〜8 月に多いことがわかっている．すなわち，3 月まではニホンハマアミの多い海側の浅海で生活し，4・5 月から一部が由良川下流域に移動して河川に豊富なイサザアミを摂餌することにより，河川下流域・沿岸海域の両方の生産力を合理的に利用していることがわかる．海側の成育場の方が面積的には圧倒的に広いことから，稚魚の主群は海に残っていると考えられる．なお，魚体内で唯一新陳代謝しない硬組織である耳石の微量成分（ストロンチウムとカルシウムの比）を分析すると，稚魚期の環境（川か海か）を判別することができる．この手法を用いて丹後海の定置網で漁獲されたスズキ成魚の耳石を調べたところ，少なくとも 36 % が稚魚期に河川に遡上した経験のあることがわかった（冨士ら，未発表）．また，耳石には 1 日に 1 本形成される日輪が刻まれており，日輪の間隔は成長速度に比例することから，個体ごとにふ化から採集までの日ごとの成長履歴を推定することができる．この手法によって，2, 3 月に河口の海側に滞留していた稚魚の中で，成長のよくない小型の個体が河川に遡上し，大型の個体は海側に残っていたこともわかった．河川に遡上した稚魚は，豊富なアミ類を摂餌して良好に成長し，海に戻る夏頃には体長

が沿岸滞留稚魚に追いついていた（Fuji et al., 2014）．

炭素・窒素安定同位体比分析により，スズキ稚魚をめぐる食物関係を解析中である．この手法に加えて，スズキ稚魚およびアミ類の胃内容物の顕微鏡観察により，海で生活するスズキ稚魚の主食であるニホンハマアミは，海産植物プランクトンをおもに摂餌することが推定された（秋山，2016）．由良川でスズキ稚魚が主食としたイサザアミの食性は現在研究中だが，安定同位体比分析では陸起源有機物の影響が示唆されている．イサザアミが木の葉を直接食べることは考えられないが，陸上植物につながる食物連鎖上にあるとすると，イサザアミは森の栄養で生産されていることとなり，丹波の森が丹後のスズキを育む実態が見えてくるかもしれない．

謝　辞

ここに紹介した由良川・丹後海における調査結果は，京都大学フィールド科学教育研究センターが基幹事業として実施してきた研究の成果です．京大フィールド研の吉岡崇仁 氏，笠井亮秀 氏（現北海道大学水産科学研究院），上野正博 氏，福島慶太郎 氏（現首都大学東京都市環境学部）を中心に，たくさんの大学院生の皆さんと調査を行い，解析した結果を使わせて頂きました．お礼申し上げます．

文　献

秋山諭 2016. 沿岸砂浜域におけるニホンハマアミ *Orientomysis japonica* の個体群動態に関する研究．博士論文 京都大学，京都．1−123.

Antonio, M. S., M. Ueno, Y. Kurikawa, K. Tsuchiya, A. Kasai, H. Toyohara, Y. Ishihi, H. Yokoyama and Y. Yamashita 2010. Consumption of terrestrial organic matter by estuarine molluscs determined by analysis of their stable isotopes and cellulase activity. Estuarine, Coastal and Shelf Science 86:401−407.

Antonio, S.E., A. Kasai, M. Ueno, Y. Ishihi, H. Yokoyama and Y. Yamashita 2012. Spatial-temporal feeding dynamics of benthic communities in an estuary-marine gradient. Estuarine, Coastal and Shelf Science 112:86−97.

Arakawa, H. 2005. Lethal effects caused by suspended particles and sediment load on zoospores and gametophytes of the brown alga *Eisenia bicyclis*. Fisheries Science 71:133−140.

有路昌彦 2011. 森から海までの環境経済学．山下洋監修，森里海連環学−森から海までの統合的管理を目指して(改訂増補)．京都大学学術出版会，京都．273−297.

Deiman, M., K. Iken and B. Konar 2012. Susceptibility of *Nereocystis luetkeana* (Laminariales, Ochrophyta) and *Eualaria fistulosa* (Laminariales, Ochrophyta) spores to sedimentation. Algae 27:115−123.

Ellis, J., V. Cummings, J. Hewitt, S. Thrush and A. Norkko 2002. Determining effects of suspended sediment on condition of a suspension feeding bivalve (*Atrina zelandica*): results of a survey, a laboratory experiment and a field transplant experiment. Journal of Experimental Marine Biology and Ecology 267:147−174.

Fuji, T. 2014. Importance of estuaries and rivers for the coastal fish, temperate seabass *Lateolabrax japonicus*. Ph.D. diss. Kyoto Univ., Kyoto. 1−210.

Fuji, T., A. Kasai, M. Ueno and Y. Yamashita 2014. Growth and migration patterns of juvenile temperate seabass *Lateolabrax japonicus* in the Yura River estuary, Japan -combination of stable isotope ratio and otolith microstructure analyses. Environmental Biology of Fishes 97:1221−1232.

畠山重篤 2011. 森は海の恋人. 山下洋監修, 森里海連環学−森から海までの統合的管理を目指して(改訂増補). 京都大学学術出版会, 京都. 223−243.

Kasai, A. and A. Nakata 2005. Utilization of terrestrial organic matter by the bivalve *Corbicula japonica* estimated from stable isotope analysis. Fisheries Science 71:151−158.

Kasai, A, Y. Kurikawa, M. Ueno, D. Robert and Y. Yamashita 2010. Salt-wedge intrusion of seawater and its implication for phytoplankton dynamics in the Yura Estuary, Japan. Estuarine, Coastal and Shelf Science 86:408−414.

Kasai, A. 2014. Ecosystem services from coastal areas. In Shimizu N. et al. eds., Connectivity of Hills, Humans and Oceans. Kyoto University Press. Kyoto. 178−184.

Lewitus, A.J., T. Kawaguchi, G.R. DiTullio and J.D.N. Keesee 2004. Ion limitation of phytoplankton in an urbanized vs. forested southeastern U.S. salt march estuary. Journal of Experimental Marine Biology and Ecology 298:233−254.

眞鍋武彦 2007. 新しい水利用概念『漁業用水』提案の経緯−水利用と食料自給の観点から−, 日本水産学会誌 73:93−97.

込本達也・田中勝久・那須博史・松岡數充 2008. 有明海の浮泥がタイラギに及ぼす影響, 水産増殖 56:335−342.

向井宏・飯泉仁・岸道郎 2002. 厚岸水系における定常時と非常時における陸からの物質流入：森と海を結ぶケーススタディ, 海洋 34:449−457.

長崎福三 1998. システムとしての森−川−海. 農山漁村文化協会, 東京. 1−224.

中野秀章・有光一登・森川靖 1989. 森と水のサイエンス. 東京書籍, 東京. 1−176.

日本海洋学会海洋環境問題委員会 2008. 豊川水系における設楽ダム建設と河川管理に関する提言の背景：河川流域と沿岸海域の連続性に配慮した環境影響評価特価線管理の必要性, 海の研究 17:55−62.

中島皇(2011)：土砂と循環. 山下洋監修, 森里海連環学−森から海までの統合的管理を目指して(改訂増補). 京都大学学術出版会, 京都. 135−149.

西村和雄 2011. 農地と流域環境. 山下洋監修, 森里海連環学−森から海までの統合的管理を目指して(改訂増補). 京都大学学術出版会, 京都. 245−251.

大見謝辰男 2003. 赤土等の流出による珊瑚礁の汚染, 沿岸海洋研究 40:141−148.

大森迪夫・霞田義成 1988. 河口域の魚. 栗原康編, 河口・沿岸域の生態学とエコテクノロジー, 東海大学出版会, 秦野. 108－118.

恩田裕一 2008. 人工林荒廃と水・土砂流出の実態. 岩波書店, 東京. 1－245.

Onitsuka, T., T. Kawamura, S. Ohashi, S. Iwanaga, T. Horii and Y. Watanabe 2008. Effects of sediments on larval settlement of abalone *Haliotis diversicolor*. Journal of Experimental Marine Biology and Ecology 365:53－58.

Phillips E.N. and J.S. Shima 2006. Differential effects of suspended sediments on larval survival and settlement of New Zealand urchins *Evechinus chloroticus* and abalone *Haliotis iris*. Marine Ecology Progress Series 314:149－158.

Redfield, A.C., B.H. Ketchum and F.A. Richard 1963. The influence of organisms on the composition of the sea water. In: M.N. Hill ed., The Sea, Vol. 2. Wiley, New York. 26–77.

Roberts, R. 2001. A review of settlement cues for larval abalone (*Haliotis* spp.). Journal of Shellfish Research 20:571－586.

Rogers, C.S. 1990. Responses of coral reefs and reef organisms to sedimentation. Marine Ecology Progress Series 62:185－202.

Sakamoto, K., K. Touhata, M. Yamashita, A. Kasai and H. Toyohara 2007. Cellulose digestion by common Japanese freshwater clam *Corbicula japonica*. Fisheries Science 73:675－683.

櫻井泉・柳井清治 2008. カレイ未成魚による森林有機物の利用. 山下洋・田中克編, 森川海のつながりと河口・沿岸域の生物生産, 水産学シリーズ 157, 恒星社厚生閣, 東京. 74－88.

白岩孝行 2011. 魚附林の地球環境学. 昭和堂, 京都. 1－226.

高木秀蔵・難波洋平・藤沢節茂・渡辺康憲・藤原建紀 2012. 備讃瀬戸に流入する河川水の広がりとノリ漁場への栄養塩供給, 水産海洋研究 76:197－204.

武田重信 2007. 鉄による海洋一次生産の制限機構, 日本水産学会誌 73: 429－432.

田中勝久・豊川雅哉・澤田知希・柳澤豊重・黒田伸郎 2003. 土壌流出によるリン負荷の沿岸環境への影響, 沿岸海洋研究 40:131－139.

Tanda, M. 1990. Studies on burying ability in sand and selection to the grain size for hatchery-reared marbled sole and Japanese flounder. Nippon Suisan Gakkaishi 56:1543－1548.

徳地直子 2011. 森を巡る物質循環. 山下洋監修, 森里海連環学－森から海までの統合的管理を目指して(改訂増補). 京都大学学術出版会, 京都. 29－42.

富永修・牧田智弥 2008. 沿岸域の底生生物生産への陸上有機物の貢献. 山下洋・田中克編, 森川海のつながりと河口・沿岸域の生物生産, 水産学シリーズ157, 恒星社厚生閣, 東京. 46－58.

富永修・高井則之編 2009. 安定同位体スコープで覗く海洋生物の生態. 水産学シリーズ159, 恒星社厚生閣, 東京. 1－165.

宇多高明 2008, 河川改変が沿岸の底質と地形に与える影響. 宇野木早苗・山本民次・清野聡子編, 川と海 流域圏の科学, 築地書館, 東京. 92－105.

浮田正夫 2007. 森川海をつなげる自然再生－椹野川流域圏の取り組み－. 瀬戸内海研究会議編, 瀬戸内海の里海構想, 恒星社厚生閣, 東京. 51－66.

宇野木早苗 2015. 森川海の水系－形成と切断の脅威. 恒星社厚生閣, 東京. 1－332.
谷内茂雄・田中拓弥・中野孝教・陀安一郎・脇田健一・原雄一・和田英太郎 2007. 総合地球環境学研究所の琵琶湖-淀川水系への取り組み：農業濁水問題を事例として, 環境科学会誌 20:207－214.
和久光靖・金子健司・鈴木輝明・髙倍昭洋 2012. 沿岸域におけるデッドゾーンの分布－三河湾の事例－, 水産海洋研究 76: 187－196.
Watanabe, K., A. Kasai, Y. Yamashita 2014. Influence of salt-wedge intrusion on ecological processes at lower trophic levels in the Yura Estuary, Japan. Estuarine, Coastal and Shelf Science 139:67－77.
山本民次 2007. ダム建設によるエスチュアリーの貧栄養化と植物プランクトン相の変化, 日本水産学会誌 73:80－84.
山下洋・田中克編 2008. 森川海のつながりと河口・沿岸域の生物生産. 水産学シリーズ 157, 恒星社厚生閣, 東京 1－147.
山下洋 2011. 森・里・海とつながる生態系, 沿岸海洋研究 48: 131－138.
山下洋 監修 2011. 森里海連環学－森から海までの統合的管理を目指して(改訂増補). 京都大学学術出版会, 京都. 1－370.
Yamashita, Y. 2014. Aiming for comprehensive sustainability, from forest tosea. In Shimizu N. et al. eds., Connectivity of Hills, Humans and Oceans. Kyoto University Press. Kyoto. 1－7.
柳哲雄 2006. 里海論. 恒星社厚生閣, 東京. 1－102.
矢沢賢一 2007. 三春ダムにおける土砂還元と底生動物の変遷. 沿岸環境関連学会連絡協議会第 18 回ジョイントシンポジウム, 流域から沿岸までの土砂動態が生物棲息環境に及ぼす栄養を考える－陸域から海域への土砂供給変化に着目して－要旨集, 26－32.

あとがき

西澤直子
日本農学会副会長

「我が国，そして世界は激動の中にある．」から始まる第 5 期科学技術基本計画が平成 28 年 1 月 22 日に閣議決定された．その第 3 章「経済・社会的課題への対応」では，目指すべき国の姿として掲げられた「持続的な成長と地域社会の自律的な発展」，「国及び国民の安全・安心の確保と豊かで質の高い生活の実現」及び「地球規模課題への対応と世界の発展への貢献」を実現していくためには，科学技術イノベーションを総動員し，戦略的に課題の解決に取り組んでいく必要があると述べられている．国内又は地球規模で顕在化している課題に先手を打って対応するため，国が重要な政策課題を設定し，課題解決に向けた科学技術イノベーションの取組を進めるとしている．

これらの重要政策課題のうちには，日本農学会に参画する農学分野の研究者，技術者が既に取り組んでいる，あるいは更に発展させようとしている課題が多く挙げられている．例えば，食料の安定的な確保のために，ICT やロボット技術を活用した低コスト・大規模生産等を可能とする農業のスマート化や，新たな育種技術等を利用した高品質・多収性の農林水産物の開発を推進する，あるいは食品の安全性や生活環境における安全の確保のために，越境汚染を含む PM2.5 等の大気汚染や，化学物質等の水・土壌汚染や生物への影響，東日本大震災からの復興の障害となっている放射性物質による汚染等への対応などである．今後も農学分野からの貢献を大いに期待したい．

さて，本書では「国際土壌年 2015 と農学研究−社会と命と環境をつなぐ−」と

して2015年10月に開催された日本農学会のシンポジウムにおける講演の内容を，改めて書き下ろしていただいたものである．「土壌」をキーワードに，日本農学会に参集する多くの学会の中から9題の多岐にわたる講演がなされ，多数の方に参加いただいたシンポジウムと同様に，本書も大変興味深いものとなった．2015年を国際土壌年とする国連の決議文では，限りある土壌資源の持続性向上と，その必要性の社会的認知を高めることに加盟国や関連する組織などが自発的に務めるよう呼びかけている．本書がこの国連の呼びかけに答えられるものであり，社会の土壌に対する認識の向上に資することを願っている．また，国際土壌年に呼応して日本学術会議の農学委員会土壌科学分科会から提言「緩・急環境変動下における土壌科学の基盤整備と研究強化の必要性」が発出された．日本学術会議のホームページからダウンロードが出来るので，この提言も是非ご覧いただきたい．

　2015年5月，第66回全国植樹祭が石川県小松市の遠く霊峰白山を望む木場潟公園において開催された．アカマツなどの苗木をお手植えの際，皇后陛下はお手伝いの小学校6年の女子生徒に「いい土，ふかふかね」とお声をかけたという．豊かな国土の基盤である森林・緑に対する国民的理解を深めるための全国植樹祭が，緑化だけではなく，緑を支える土壌にも思いを馳せる機会になればと思う．

著者プロフィール

敬称略・五十音順

【石塚　成宏（いしづか　しげひろ）】
　東京大学大学院農学系研究科林学専攻修士課程修了．農学博士．農林水産省森林総合研究所，同北海道支所，同九州支所などを経て現在，森林総合研究所立地環境研究領域土壌資源研究室長．専門分野は，森林土壌における温室効果ガスフラックス．

【小﨑　隆（こさき　たかし）】
　京都大学大学院農学研究科博士課程修了．農学博士．京都大学助手，国際熱帯農業研究所（IITA）研究員，帯広畜産大学助手，京都大学助教授，同教授　を経て，現在，首都大学東京教授，京都大学名誉教授．専門分野は，土壌学，土地資源管理学，観光科学．

【佐藤　了（さとう　さとる）】
　北海道大学農学研究科農業経済学専攻博士課程単位取得退学．農学博士．農林省農事試験場，農水省農業研究センター，東北農業試験場，秋田県立農業短大教授，秋田県立大学生物資源科学部教授を経て名誉教授．専門分野は，農業経済，農業経営，農業普及，地域計画．

【對馬　誠也（つしま　せいや）】
　北海道大学大学院農学研究科修士課程修了．農林水産省九州農業試験場　農林水産省農業環境技術研究所，農林水産省東北農業試験場，農林水産省農業環境技術研究所を経て，独立行政法人農業環境技術研究所　生物生態機能研究領域長，農業環境インベントリーセンター長．平成 27 年 3 月退職．平成 27 年 4 月より国立研究開発法人農業環境技術研究所　生物生態機能研究領域　再雇用研究専門員．専門分野は，植物病理学．

【西澤　直子（にしざわ　なおこ）】
　東京大学大学院農学系研究科博士課程修了．農学博士．東京大学農学部助手，ロックフェラー大研究員などをへて，平成 9 年より東京大学大学院農学生命科学研究科教授．東京大学名誉教授．平成 21 年より石川県立大教授．専門分野は，植物栄養学,植物細胞工学．

【根本　圭介（ねもと　けいすけ）】
　東京大学大学院農学研究科博士課程修了．農学博士．東京大学農学部助手，東京大学アジア生物資源環境研究センター助教授を経て，現在，東京大学大学院農学生命科学研究科教授．専門分野は，栽培学．

【平舘　俊太郎（ひらだて　しゅんたろう）】
　東京農工大学農学部卒業，岩手大学大学院連合農学研究科修了．博士（農学）．日本農薬株式会社生物研究所研究員を経て，1992 年農林水産省入省，現在，国立研究開発法人農業環境技術研究所生物多様性研究領域上席研究員．東京大学大学院農学生命科学研究科教授（物質循環学）兼任．専門分野は，土壌学，植物栄養学，植物生理学，化学生態学，生態学，分析化学など．

【三原　真智人（みはら　まちと）】
　東京農工大学大学院連合農学研究科博士後期課程修了．博士(農学)．現在，東京農業大学地域環境科学部教授．タイ王国コンケン大学農学部客員教授，カンボジ

ア王立農業大学客員教授として現地大学の Extension 機能の拡充に従事する．専門分野は，土壌保全学，環境修復保全学．

【三輪　睿太郎（みわ　えいたろう）】
　東京大学農学部卒業．農業技術研究所，農業環境技術研究所を経て 1997 年農林水産技術会議事務局長，2001 年（独）農業技術研究機構理事長，2006 年東京農業大学総合研究所教授．2007 年〜2015 年　農林水産省農林水産技術会議会長．専門分野は，土壌肥料学

【森　昭憲（もり　あきのり）】
　北海道大学農学部農芸化学科卒業．博士（農学）．農業環境技術研究所，四国農業試験場，草地試験場，英国草地環境研究所を経て，農研機構畜産研究部門上級研究員．専門分野は，土壌学．

【山下　洋（やました　よう）】
　東京大学大学院農学系研究科博士課程修了．東京大学海洋研究所助手，水産庁東北区水産研究所研究室長，京都大学大学院農学研究科助教授を経て，同フィールド科学教育研究センター教授．専門分野は，海洋生物学，沿岸資源生態学．最近は，沿岸域生態系に対する陸域の影響を研究．

| R |〈学術著作権協会委託〉

2016　　2016年4月5日　第1版第1刷発行

シリーズ21世紀の農学
国際土壌年2015と
農学研究

著者との申
し合せによ
り検印省略

編 著 者　日本農学会

Ⓒ著作権所有

発 行 者　株式会社　養賢堂
　　　　　代表者　及川　清

定価(本体1852円+税)

印 刷 者　株式会社　丸井工文社
　　　　　責任者　今井晋太郎

発行所　〒113-0033 東京都文京区本郷5丁目30番15号
　　　　株式会社 養賢堂
　　　　TEL 東京(03)3814-0911　振替00120
　　　　FAX 東京(03)3812-2615　7-25700
　　　　URL http://www.yokendo.co.jp/
　　　　ISBN978-4-8425-0543-5　C3061

PRINTED IN JAPAN　　製本所　株式会社丸井工文社
本書の無断複写は、著作権法上での例外を除き、禁じられています。
本書からの複写許諾は、学術著作権協会(〒107-0052 東京都港区赤
坂9-6-41 乃木坂ビル、電話03-3475-5618・ＦＡＸ03-3475-5619)
から得てください。